minneで売れっ子ハンドメイド作家になる本

たかはし あや

ソシム

お客様とのコミュニケーションの中で
世界観を共有してリピートに繋げる

まほめさん

ブランド名 ＊ MaHou（マホウ）　　　**twitter** ＊ @yuzupanda_mura
minne での活動歴 ＊ 2015 年 1 月～　　**mail** ＊ yuzupanda94@gmail.com
minne URL ＊ http://minne.com/yuzupanda　　埼玉県在住

大切な商品を安心安全な梱包でお届けしたい

　絵の具のチューブから、宇宙やねこやメロンパンなど、いろいろなものが飛び出すデザインで人気のMaHou（マホウ）のまほめさん。

　作家活動に加えて、最近では自分のオリジナルパーツを作るためのアイディアの出し方や原型の作り方などの講義を、minneのアトリエで行うなど精力的に活動されています。

　minneでの販売で特にこだわっているのは、梱包です。商品を安全にお届けしたいという思いから、段ボールの小箱に入れて発送しています。届いたときの破損のリスクを少しでも減らしたいと思っているためです。

　minneのほかにもイベントで販売もしているのですが、対面販売するときと同様、透明のケースに入れてお届けしています。また商品だけではなく、ご購入いただいた方への感謝の気持ちも一緒にお届けしたいと思い、手書きのメッセージを添えています。

ネットもリアルも大切なのはコミュニケーション

　お客様とのやり取りの中で気づいたことは、インターネット上の取引もリアルと一緒で、コミュニケーションが大切だということ。

　MaHou の代表作、キラキラ輝く宇宙を絞り出す絵の具ブローチを購入してくださるお客様の中には、商品のモチーフになっている宇宙が大好きだという方も多く、宇宙にまつわるステキなエピソードや写真を送ってくださる方がいらっしゃいます。

　まほめさんはそういったメールをもらうと、まるでリアルでその方にお会いしておしゃべりしているような、あたたかい気持ちになるそうです。

　リアルもネットもお客様とのやり取りは基本的には一緒です。商品の魅力だけでなく、お客様とのコミュニケーションも含めた、誠実なお取引きを積み重ねた結果、たくさんの商品が売れる人気作家になっていくのだと思います。

Interview

晴れの日に選びたくなるように
写真と文章で商品の魅力を伝える

志佐 甲子（しさ こうこ）さん・来未（くるみ）さん

ブランド名＊ PAPER MOON
minneでの活動歴＊ 2013年8月〜
minne URL ＊ http://minne.com/kpapermoon
FBページ＊ https://www.facebook.com/kokopapermoon
北海道在住

実店舗運営の経験を活かした販売スタイル

　オリジナル染め花アクセサリーや樹脂アクセサリーを親子で製作・販売をされているPAPER MOON（ペーパームーン）の志佐甲子さん・来未さん。元々は地元小樽にて長く実店舗を運営されていたため、その経験を活かしてminneでも精力的に活動されています。

　minneでの販売で特にこだわっているのは、写真撮影と編集です。布花の微妙な色合いや布の質感をできる限り伝えられるように、場合によっては普段使っているもの以外での撮影なども試みます。それでも足りない場合は、商品説明で細かくお伝えしています。

　また、コンスタントに新作をアップすることで、フォローして頂いた方にメールでお知らせが届いたり、新規のお客様に気づいて頂くきっかけになります。そうすることで自然と商品数の充実に繋がっていきます。

　迅速なお取引きはもちろんですが、ご購入頂いた際にメッセージにて発送予定日をお知らせ

するなどの小さなフォローも大切だと思います。

ブライダルアイテムもギリギリまで探されている方が多い

　お客様とのやり取りの中で気づいたことは、再販のオーダーを多くいただいているということです。minne は商品の公開に制限がないため、在庫の有無に関係なく再販できる商品はそのまま公開しています。

　実は、ブライダルや卒業式など晴れの日用のアイテムのご注文もいただくのですが、使用日まで日数がない中でのオーダーをされる方が意外と多くいらっしゃいます。恐らく最後の最後までいろいろとご覧になり、迷われている方が多いのだと思います。

　1週間後がブライダル当日なので、前日までに・・・というギリギリでのご注文も少なくありません。特に冬は北海道からの発送ということもありますので、大事な日にお使いいただくものだからこそ、余裕をもってご注文頂くことをお勧めしています。

Interview

有料でも欲しくなるような
ギフトラッピングで差別化する

さちみるくさん

ブランド名＊ Petit*Four（プチフール）
minne での活動歴＊ 2013 年 10 月～
minne URL ＊ http://minne.com/sachimilk

twitter ＊ @petit_four_milk
mail ＊ fuwafuwa.milk0602@gmail.com
東京都在住

自分用のリクエストも多い自慢の「ギフトラッピング」

　ハンドメイドを仕事にするために独学でマーケティングを学び、製作や販売に活かしながら毎月コツコツと売上を伸ばしてきた、Petit*Four（プチフール）のさちみるくさん。

　minne を始めたのは 2013 年 10 月から。活動を始めた当初、ハンドメイド商品の売上で生活している人が周りにいなかったので、悩みを相談したり話をすることがないままひたすら自分にできることを自分で考え、トライアンドエラーを繰り返して今のスタイルに落ち着いたそうです。

　minne での販売で特にこだわっているのは、有料のギフトラッピング。

　自分自身が友達からもらったプレゼントのリボンや袋を捨てられない性格のため、ラッピングの素材も再利用できるようなものを採用しています。かわいい巾着に鍵と星のチャームをつ

　けて飾り付けし、中には破損防止の緩衝材代わりにもなるフラワーペダル（結婚式のフラワーシャワーなどでも使われる花びら）を入れて、商品をラッピングしています。
　当初贈り物用にと用意したラッピングですが、自分用にもギフトラッピング仕様で送ってほしいという方もいらっしゃるほど、多くのお客様によろんでいただいています。

金属アレルギーのお客様にも気持ちよく使って頂きたい
　お客様とのやり取りの中で気づいたことは、イヤーアクセサリーの金具の種類を増やすことによって、購入に繋がりやすいという点です。現在はピアスとイヤリングを選べるのはもちろんですが、ピアス3種類・イヤリング2種類の合計5種類から選べるようにしています。商品を気に入ってくださったお客様が少しでも気持ちよくお使いいただけるように金具のバリエーションを増やしたことで、購入に繋がっていると思います。

Interview

素材や仕立てのこだわりを
ブログと連動してファンに伝える

マミコさん

ブランド名＊ crochetpicot（クロッシェピコット）
minneでの活動歴＊ 2013年9月〜
minne URL＊ http://minne.com/crochetpicot
ブログ＊ http://crochet.blog.jp/
北海道在住

お客様目線に立った売り場づくりを心掛ける

　デザイン、パターンひきから縫製まで、すべてご自身でデザインしたワンピースで人気のcrochetpicot（クロッシェピコット）のマミコさん。

　肌にフィットする素材や、シルクスクリーンでプリントした生地を使うなど、材料にもこだわっています。また、材料の在庫を持たず、必要な分のみ生地を購入するかわりに、インターネットや実店舗で毎日新しい生地を探して製作するという徹底ぶりです。

　minneでの販売で特にこだわっているのは、写真をキレイに撮影することです。商品の全体像から詳細まではっきりとわかる画像を撮るようにしています。

　他にもギャラリーを常に見やすくするために登録商品をメンテナンスしたり、商品の説明文は情報を盛り込みつつも短い文章で読みやすくするなど、お客様目線に立った工夫をするように心がけています。

きめ細やかな対応と安心して購入してもらえる工夫

　お客様とのやり取りの中で気づいたことは、最初メッセージでのお問い合わせの際、お客様はかなり緊張されているということです。文面からドキドキしながらメッセージをくださっているということが伝わってきます。

　だからこそやり取りの中では使う言葉を慎重に選ぶようにしています。曖昧な表現は避け、事実を正確にお伝えするのですが、文章的に固くなりすぎないように工夫しています。

　また、ご注文くださった方にはマメにメッセージをお送りし、できる範囲でご要望にお応えするように心がけています。

　また、minneとブログを連動させることで、紹介した商品の出品を心待ちにしてくださる方もいるため、平日はできるだけブログで紹介するようにしています。

はじめに

　以前から趣味でものづくりをしている方が、ご自身の手芸やクラフトの技術を活かして製作したハンドメイド品をフリーマーケットや雑貨店などで販売するというのはそれほど珍しくありませんでした。しかし近年、インターネットやスマートフォンの普及により、ハンドメイド品を本格的に売買したいというニーズが急速に高まっています。

　特に決済（お金のやり取り）や集客の一部を運営会社が対応してくれるなどサポートが充実している「ハンドメイドマーケットプレイス」というショッピングモール型のサイトが急成長しています。

　ハンドメイドマーケットプレイスは 2005 年にアメリカで誕生した Etsy（エッツィー）が元祖と言われていますが、日本で普及し始めたのは 2010 年頃からと、まだまだ新しいビジネスモデルです。

　そして 2015 年、概ね横一線だった数々のマーケットプレイスの中でめざましい成長を遂げたのが、minne（ミンネ）です。minne はホスティングサービスや EC 支援で業界大手の（株）GMO ペパボが運営しています。

　かわいらしい響きのサービス名ですが、名前の由来は意外にも博多弁の「〜してみんね（してみたら）」という方言から来ているそうです。

　そんな minne の 2015 年は、話題に事欠かないと言っていいほどに日々進化しています。TVCM やネット広告などの宣伝はもちろん、TV・雑誌などでも数え切れないほど取り上げられています。取引額やユーザー数、アプリのダウンロード数なども右肩上がりで増え続け、あっという間に業界トップに上り詰めました。今なお日々新たな取り組みが発表され続け、私はワクワクしながら minne を見つめる日々を過ごしています。

　本書は、minne で作家として販売をしたいという方に向けた内容になっています。

　基本的な操作方法に加え、ビジネスとして継続的に販売し続けて行くために必要なノウハウ

（方法）とマインド（考え方）をまとめました。

　また、私の実体験はもちろんのこと、実際に minne を利用されている作家の方の実体験をインタビューさせて頂きました。

　他にも、数多くの人気作家のギャラリーやプロフィールを閲覧し、気づいた点や共通点をデータ化し分析したことをもとに執筆しました。

　みなさんにご協力頂く中で、売れている方と伸び悩んでいる方の大きな違いを感じたのは、売れている方は「とにかく実践している」「決められた仕様の範囲内で自分のできる最高のパフォーマンスを実行している」ということです。売れている方々はサイトを充分に理解し、その中で自分のできることを高いレベルで実践していらっしゃいました。

　特に今回インタビューでご協力頂いた 4 人の作家の方々は、商品と販売方法の両面で自分のオリジナリティをしっかりと確立されている方ばかりです。みなさんも是非、オリジナリティを商品と販売方法の両面で表現するための策を考え、どんどん実践してください。

　私はますます成長が見込まれるハンドメイドの売買市場を一過性のブームではなく、新しい価値として維持するためには、作家一人一人のビジネス意識が重要だと考えています。商品の持つ独特の価値や可能性をビジネスとして成立させるためには、minne のような「ハンドメイド市場の未来への投資」をしている企業の存在はとても重要です。

　しかしサービスは利用することで成長するため、いくら企業が頑張ったとしても、利用する作家に自分で売るという感覚がなければ、企業もサービスも淘汰されてしまいます。

　本書を通じて、みなさんが minne での商品売買に関心を持って取り組んでいただくことで、楽しくハンドメイドを続けられることを心から願っています。

キャラクター　たかはしあや

はじめに　　10

♥ chapter 1　minne について

01　minne とは・・・・・・・・・・・・・・・・・・・・・・・・　16

02　minne の特徴・・・・・・・・・・・・・・・・・・・・・・・　20

03　パソコンサイトとスマートフォンアプリ・・・・・・・・・・　22

04　登録されている商品の特徴・・・・・・・・・・・・・・・・　24

05　パソコンで見る minne のトップページ・・・・・・・・・　26

06　スマホアプリで見る minne のトップページ・・・・・・・　28

07　登録できる商品・できない商品・・・・・・・・・・・・・　30

Column　お気に入り登録はされるのに売れない理由・・・・・・　32

♥ chapter 2　会員登録をしてみよう

01　会員登録と会員ページをチェックしてみよう・・・・・・・　34

02　販売・決済情報を入力しよう・・・・・・・・・・・・・・　38

03　その他の情報を入力しよう・・・・・・・・・・・・・・・　40

04　プロフィールを入力しよう・・・・・・・・・・・・・・・　42

05　ギャラリーページをメンテナンスしよう・・・・・・・・・　44

06　気になる作家さんをフォローしよう・・・・・・・・・・・　46

Column　お客様から時間を預かっていることを自覚しよう・・・・　48

♥ chapter 3　適正価格のつけ方を考えよう

01　価格設定の基本的な考え方・・・・・・・・・・・・・・・　50

02　適正価格で売り続ける計画を立てよう・・・・・・・・・・　52

03　利益率にはメリハリをつけよう・・・・・・・・・・・・・　54

04　お客様が商品を選びやすい松竹梅の法則を取り入れよう・・・　56

05　センスを価格に反映させるために必要なこと・・・・・・・　58

| 06 | 付帯サービスを決めよう | 60 |
| Column | これからのハンドメイドマーケットプレイス | 64 |

♥ chapter 4 　買いたくなる写真を撮るテクニック

01	写真の撮り方の基本	66
02	どんなカメラで撮影すればいいの？	70
03	あると便利な撮影グッズ	72
04	小物選びとスタイリング	76
05	写真を加工してみよう	80
Column	リアルのサポートが嬉しい minne のアトリエ	82

♥ chapter 5 　欲しくなるタイトルや文章を考えよう

01	お客様が探しやすいタイトルをつける	84
02	魅力的に見える商品紹介文とは	86
03	人気のキーワードを活用しよう	88
04	人気作家さんの文章を分析しよう	90
Column	レビューを書いていただけるよう工夫しましょう	92

♥ chapter 6 　商品を出品してみよう

01	商品を登録しよう	94
02	登録商品のバランスをチェックしよう	96
03	商品一覧・管理をチェックしよう	98
04	フォローやお気に入りされた商品をチェックしよう	100
05	質問に回答しよう	102
Column	商品を売るためには苦手なことと向き合う勇気を持とう	104

chapter 7　商品を発送しよう

01　商品が売れてから発送までの流れ ・・・・・・・・・・・・ 106

02　メッセージでのやり取りをしよう ・・・・・・・・・・・・ 108

03　梱包して発送しよう ・・・・・・・・・・・・・・・・・ 114

Column　商品名は最初の 10 文字が大切です ・・・・・・・ 120

chapter 8　売れっ子作家さんが実践している 7 つのこと

01　ターゲットのお客様に合わせたブランディング ・・・・・・ 122

02　ネーミングやシリーズ化でファンを魅了する ・・・・・・・ 124

03　ブログ・SNS と連携してファンを作る ・・・・・・・・・ 126

04　ニーズ調査とライバル分析 ・・・・・・・・・・・・・・ 130

05　リピーター向けのえこひいきサービスを活用 ・・・・・・・ 134

06　販売商品数とメンテナンスの充実化 ・・・・・・・・・・ 140

07　自分らしさの伝わるラッピングを考える ・・・・・・・・ 144

Column　真の実力はピックアップ掲載後にあらわれる ・・・・ 150

chapter 9　トラブルシューティング

01　売れた商品の在庫がなかった場合 ・・・・・・・・・・・ 152

02　発送が遅れてしまった場合 ・・・・・・・・・・・・・・ 156

03　輸送事故で商品が破損・紛失した場合 ・・・・・・・・・ 158

04　理不尽なクレームで返金を求められた場合 ・・・・・・・ 160

05　著作権侵害で告発された場合 ・・・・・・・・・・・・・ 162

06　商品が転売・模倣された場合 ・・・・・・・・・・・・・ 164

おわりに　　166

chapter 1

minne について

初心者でも気軽に参加できるハンドメイドマーケットプレイス
minne とは

初心者にやさしいネット販売サイト

　ハンドメイドマーケット minne（ミンネ）は、（株）GMO ペパボが運営する手作り商品と手芸材料の通販・販売サイトです。インターネットを通じて商品の売買をする E コマースと呼ばれるサービスの中のひとつですが、自前のネットショップとは違って、決済（お金のやり取り）や集客の一部を運営会社が対応してくれるなどのサポートが充実しているため、商取引が未経験な作家でも比較的簡単に始めることができます。

　最近は詐欺的なサイトも多く、お客様に信用して取引してもらうまでに時間のかかる自前のネットショップと比べて、minne は決済を代行してくれるので初心者でも安心して取引できます。

個性的でガーリーな雰囲気の商品が中心

　minne は登録作家数 16.4 万人・登録商品数 192 万点（2015 年 11 月 18 日時点）と国内最大級のハンドメイドマーケットです。パソコンからの利用の他、スマートフォン用のアプリも公開されており、300 万ダウンロードを超える人気となっています。

　また有名女優を起用した TVCM を放映したり、全国各地でイベントやワークショップを開催するなどインターネットとリアルをミックスして、作家とお客様の両方を盛り上げる試みを数多く展開しています。

　幅広く色々な商品が取引されていますが、なかでもキュートで個性的な商品が目立ちます。また、手芸・クラフト材料の取り扱いも可能で、ただ単に商品を並べて販売するのではなく、店頭に並ぶ商品のようにディスプレイや魅せ方にこだわり、お客様の購買欲をかきたてるように工夫して販売されている方も多くみられます。

マーケットプレイスの中でも集客とサポートが充実した minne

商品を簡単に売買可能

自分の個人情報と商品情報を入力するだけで、初心者でも安心して売買が可能

簡単に商品サイトが作れる

デザインの知識がなくても、商品を登録するだけで自分だけの商品サイトページが完成！

販売手数料は10%（税別）

商品が売れたら10%（税別）の手数料を支払うシンプルな設定でわかりやすい

業界No.1の利用者・商品数

登録作家数16.4万人・登録商品数192万点（2015年11月18日時点）

圧倒的な集客力で「ハンドメイド＝minne」が浸透！

TVCMネット広告

メディアの取材

イベントへの出展

他業種との提携

 ショッピングモールへの自動出品やリアルなイベント開催など

minne の特徴

 ### ショッピングモール「カラメル」との連携

　minne といえば、以前はキュートでプチプライスなイメージが強く、若い女性向けの印象が強かったのですが、TVCM の放映や各種イベントを行うことで認知度が飛躍的にアップし、以前よりも幅広い層の方が利用しています。

　特徴的なのは、minne に商品を出品すると（株）GMO ペパボが運営するショッピングモール「カラメル」に自動で連携されることです。自動で連携しているのでほとんど手間がかからず、本格的にビジネスをされている方々の商品と私たちの製作したハンドメイド商品がひとつのサイトの中で並べられ、お客様に選んでもらえるというサービスは、ハンドメイドに関心の薄い方にも商品の良さを知っていただき、購入に繋げるチャンスです。

 ### デジタルとアナログの絶妙なバランス

　minne は EC サイトでありながら、リアルでの活動にも力を入れています。全国の百貨店やアートイベントにも積極的に出展し、minne の運営スタッフの方々が作家と直接コミュニケーションを取れる機会を設けているところも魅力のひとつです。

　また、東京都にある IID 世田谷ものづくり学校内に、「minne のアトリエ」という誰でも気軽に立ち寄れる、ハンドメイドを楽しむためのアトリエを開設しており、2016 年 4 月には関西にも開設予定です。

　さらには、作家の勉強会・交流会・異業種企業とのコラボレーションなど、デジタル（インターネット）の良さとアナログ（リアルコミュニケーション）を融合させた、数々の新しい取り組みを発表しています。

パソコンとスマホのどちらにも対応

パソコンサイトとスマートフォンアプリ

 写真が大きく操作しやすいパソコンサイト

minne のパソコンサイト（https://minne.com/）にアクセスしてみましょう。

全体的にひとつひとつの画像が大きく、すべての画像にリンクが張ってあるため、初心者の方でもアクセスしやすいです。インターネットでの売買が初めての方の大きな不安は、操作方法とセキュリティだと思いますが、minne はシンプルなデザインと操作が特徴なので、何度か使っているうちに比較的早くマスターすることができると思います。

セキュリティに関しても、第1節で触れたようにお金の受け渡しなどもすべて minne が代行してくれるので安心です。

 いつでも気軽にチェックできるスマートフォンアプリ

minne のスマートフォン用アプリは、累計 300 万ダウンロードを超える人気で、最近ではアプリユーザーがどんどん増えてきています。女優さんがスマートフォンでアプリを操作して商品を購入するシーンが TVCM でも流れており、今後もますますスマートフォンユーザーの割合が増えてくると予想されます。

パソコンサイト同様、落ち着いた色合いにシンプルな作りで、カテゴリーごとのピックアップ商品や自分のフォロー作家の商品をスワイプ（指で画面をスライドさせる動作）で見ることができるので、手軽で利用しやすいのが特徴です。

また、フォローしている作家の新作入荷情報や、商品がお気に入り登録・購入されるなどのアクションがあった際には、プッシュ通知機能で知らせる登録もできるので、大事な情報を見逃さずキャッチできるところも良い機能だと思います。

登録数は多い順にアクセサリー、バッグ、財布、小物類

登録されている商品の特徴

 カテゴリー別登録数 No.1 はアクセサリー

　登録商品数192万点（2015年11月18日時点）と圧倒的な登録数を誇るminneのこだわりアイテムをジャンル別にチェックしてみましょう。

　登録されている商品数をカテゴリー別に見ると、No.1はアクセサリーです。なかでもピアスやイヤリングといった、イヤーアクセサリーの登録数が群を抜いて多いようです。

　気になるデザインは、天然石などを使用したシンプルで普段使いしやすいものから、結婚式やパーティで使えるような華やかなものまで幅広く、ありとあらゆるデザインが揃っています。

　全体的に見ると3000円以下の手に取りやすい価格帯のものが中心ですが、なかには5000円を超えるアクセサリーを中心に販売しており、ファンのハートをがっちりつかんでリピートへ繋げている作家さんも増えています。

 圧倒的な商品数が選べる楽しさを演出

　アクセサリーに続くのはバッグ・財布・小物類です。市販されている生地を使用したものにとどまらず、オリジナルテキスタイルを使った商品や、革にオリジナルペイントを施したものなど、種類豊富でバリエーション豊かな小物が登録されています。ベビー・キッズ商品の登録も多く、普段使いのスタイや洋服から、パーティーシーンに使える帽子や小物などバラエティに富んでいます。また、素材・材料カテゴリーの登録も増えてきており、「買いたい」というだけでなく「作ってみたい」というニーズもカバーしています。

　ひとつひとつの商品のクオリティの高さもさることながら、圧倒的な登録商品数が、探す楽しさ、選べる喜びを演出しています。

個性的でバラエティ豊かな商品がたくさん登録

①
②
③
④
⑤
⑥

①ペーパーアートアクセサリー
kurin kurin- マシュマロ -
https://minne.com/items/2774044
価格 3200 円　出品者 uraracraft

②ベリータルトのピルケース
https://minne.com/items/2577274
価格 3000 円　出品者 suger purple

③カシオペア座ペンダント
https://minne.com/items/2494037
価格 1400 円　出品者 きらきら sun

④月に願いを
https://minne.com/items/2714038
価格 2500 円　出品者 studio tooca*

⑤仲良しうさぎの蝶ネクタイブローチ
https://minne.com/items/2684127
価格 2500 円　出品者 Bun Bun Brau

⑥再販【型紙付き作り方】
ランジェリーケースにもなるポーチ
https://minne.com/items/2355573
価格 480 円
出品者 初心者さんの洋裁教室【Himawari】

section 05 パソコンで見る minneのトップページ
メニュー、商品検索、人気の商品などがひと目でわかる

 パソコンサイトのトップページ画面の解説

　パソコンサイトを分類すると、①メニューバー、②スライド式大型リンク、③サイドメニュー、④ピックアップ、⑤人気の商品・最近お気に入り登録された商品の5つに分かれます。

　①のメニューバーは、ホームボタン（トップページに戻るボタン）や会員ページ、お気に入りなどの商品の売買で使用するリンクです。

　②のスライド式の大型リンクは、左右にあるボタンをクリックすると次のトピックが見られるようになっています。主にCM情報などのminneからのお知らせや季節商品・アイテムの特集ページへのリンク画像が表示されています。

　③のサイドメニューは、商品や登録作家の検索で使用するリンクと、お知らせのバナーが表示されています。トップには月間人気商品＆作家ランキングのバナーがあります。

　リアルでのイベントの情報やアプリダウンロードへのリンクなどのトピックがバナーになっているため、クリックしやすいです。

　④のピックアップは、minneスタッフの方が選定した商品が画像付きで並びます。毎週月・水・金曜日に更新され、オリジナリティがあることや季節感、写真から伝わるクオリティなどを総合的に判断して選定されています。

　商品画像の下にはハート形のボタンとその横に吹き出しで数字が書かれていますが、ハートの部分をクリックするとお気に入り登録となり、数字がカウントされます。

　⑤の人気の商品・おすすめの商品・最近お気に入り登録された商品は、購入数の多い人気商品、自分の購入・閲覧履歴などを基に割り出されたおすすめ商品、最近お気に入り登録された商品がそれぞれピックアップされ画像付きで紹介されています。

section 06 パソコン版と同様の表示が可能
スマホアプリで見る minneのトップページ

 アプリのトップページ画面の解説

　アプリ画面全体を大きく分類すると、①メニューボタン、②お知らせボタン、③スライド式大型リンク、④ホームボタン、⑤検索ボタン、⑥お気に入りボタン、⑦カートボタンの7つに分かれます。

　①のメニューボタンをタップすると、会員ページ、お気に入りなどの商品の売買で使用するリンクメニューが表示されます。設定やログインなども、ここから該当ページにジャンプすることができます。

　②のお知らせボタンをタップすると、販売している商品が購入されたことや、メッセージが届いたことなどを確認できます。

　③のスライド式大型リンクは、画面を横にスワイプすることで、各カテゴリーの作品、ピックアップ商品、フォロー作家の新作に切り替わります。

　④のホームボタンは、トップページに戻るボタンです。

　⑤のさがすボタンはボタンを押すと表示される虫眼鏡のアイコンがついた検索窓にキーワードを入れて商品を検索することができます。その下にカテゴリー別に分かれているリンクをタップすると、カテゴリー別の商品 が写真付きで閲覧できます。

　⑥のお気に入りボタンは、商品画像の左端にあるハート形のボタンをタップして登録されたお気に入りが一覧で確認できます。

　⑦はカートに入れた商品を確認できます。

　ピックアップはminneスタッフが選定した商品が画像付きで並びます。毎週月・水・金曜日に更新され、オリジナリティや季節感、クオリティなどを総合的に判断して選定されます。

特に知的財産権の侵害に注意
登録できる商品・できない商品

 登録できる商品とできない商品を把握しよう

　minne で販売可能なアイテムは、自分で手作りしたハンドメイド商品と、手芸・クラフトで使用することができる材料類の大きく分けて 2 種類です。
　その中でも販売が禁止・制限されているものがあります。
　登録禁止商品の主なものは、他人の商品の委託販売や既製品、飲食物、化粧品、換金性の高いもの、知的財産権を侵害するもの、公序良俗に反するものなどが挙げられます。
　特に知的財産権の侵害については注意が必要です。ブランド品やキャラクターなどのロゴマークやモチーフの使用はもちろん、○○風などという表現で特定のブランドの商品だと誤認される恐れのある表現に関しても禁止されています。

 代理での出品・海外在住の方の出品は条件付き

　自分が製作していない商品の販売はできませんが、パソコンやスマートフォンの操作が苦手な家族のための代理での出品は可能です。その際は、登録時のお客様情報欄に代理の方の名前での登録が必要です。
　海外在住の方の出品は原則できませんが、作家本人と連絡が取れる国内の住所・電話番号を登録すれば、商品の出品・販売は可能です。
　登録できる商品・できない商品に関しては、都度規約が改変されていくので、自分の出品・展示物が規約違反になっていないか、定期的にチェックすることが必要です。
　規約を確認しても自分の判断ではわからないものは、minne のお問い合わせフォームから問い合わせてみるのもよいでしょう。

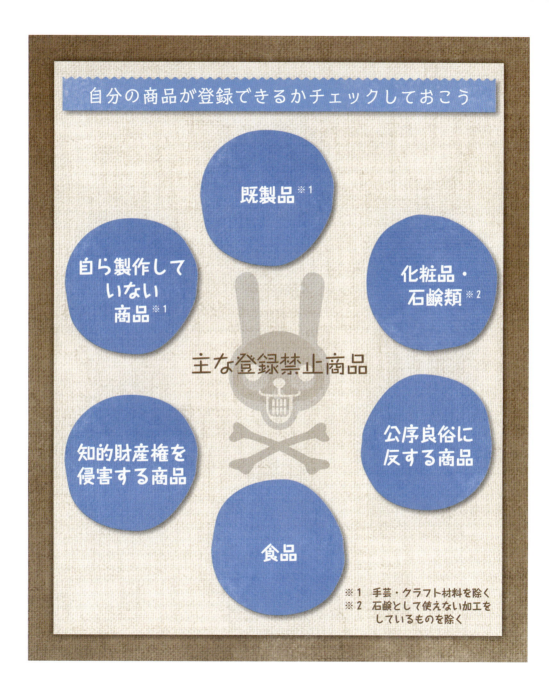

Column
お気に入り登録はされるのに売れない理由

　私がFacebookで運営しているminneのファングループでは、「お気に入りには登録されるのになかなか売上に結びつかない」という悩みを持っている方が多いのですが、もしかしたら皆さんの中にも同じ悩みをもっていらっしゃる方もいるのではないでしょうか。

　基本的にお気に入りというのは「かわいいね・すてきだね」という感想です。しかし商品を売るためにはお客様に「欲しい・買いたい」という意思を抱かせる必要があります。

　皆さんもお友達とリアルの店舗でお買い物をしているときに「これかわいいね」と口にすることがあるかと思います。でも、かわいいと言ったものすべてが欲しいわけではないはずです。

　たくさんのお気に入りを頂いている商品というのは、多くの方に注目されている商品でもあるので、売れる可能性や見込みがあります。しかし、それを確実に売上に繋げるためには、お気に入りを押してくれた人たちが欲しいと思うポイントを、写真や文章でしっかりと表現していく必要があります。

　お気に入りが多くてなかなか売れない商品は、購入したくなる理由がないことが多いです。そこそこかわいいけれど、必要なものではなかったり、他に似たようなものがあったり、価格が合わなかったりと、購入に結びつけるための決定打がないのです。

　購入に繋げるためには、似たようなほかの商品とどう違うのか（差別化）どんなこだわりがあるのか（ストーリー）、その商品を使うことでどんないいことがあるのか（ベネフィット）を明確にお知らせすることで、お客様に「私に必要な商品だ」と思ってもらえるようにご提案していくといいでしょう。

　お気に入り登録の多い商品をチェックして、文章や写真をメンテナンスしてくださいね。

chapter 2

会員登録をしてみよう

登録はパソコン、スマホのどちらでも OK
section 01 会員登録と会員ページをチェックしてみよう

 会員登録はメールアドレスと Facebook 連携の 2 種類から選択

　まずは会員登録をしましょう。PC サイトは「メニューバー」、アプリは「ホームボタン」をタップし、最下段の「ログイン」→「会員登録」をタップします。メールアドレス、minne で使用する希望の ID（半角英字・数字・ハイフンで 3 文字以上）、パスワード（英字と数字を合わせて 6 文字以上）を入力します。また、Facebook の連携サービスを利用して登録することも可能です。Facebook で会員登録を選択すると、Facebook のログイン画面に移動するので、表示に従って進んでください。

　新規登録後、設定したメールアドレスに minne から本人確認メールが届き、メール内のリンクをクリックすると本人確認が終了します。通常は数分以内に配信されますが、メールが受信できない場合はメールアドレスに誤りがあったり、迷惑メール設定により受信ができないなどの理由が考えられます。

 マイページで販売の準備を始めよう

　PC サイトは「メニューバー」、アプリは「ホームボタン」をタップし、会員ページをチェックします。会員ページは商品登録をはじめ、売れたものの管理、お客様からのメッセージ確認など販売に関する情報が集約されています。

　商品を売買するには、会員ページから「お客様情報」の登録を行います。PC・アプリ共に「設定」→「お客様情報」と進み、入力してください。

　名前の欄は、作家名ではなく本名を記載してください。また、住所や生年月日などの記載事項もすべて正しいものを入力してください。

メールアドレス・ID・パスワードで会員登録しよう

パソコンサイト

メールアドレスで会員登録

メールアドレス

① 必須項目です

minnetID

① 必須項目です

パスワード

① 必須項目です

必ず利用規約をご確認ください。

利用規約に同意して会員登録

※ドメイン「minne.com」が受信いただけるようメールの受信設定をお願いします。

※minneIDはminneで使用するユーザーIDです。ご自身のギャラリーURLになります。登録完了後は変更できません。半角英数小文字a-z、0〜9）、または、ハイフン(-)3文字以上〜12文字以内でご入力ください。

※パスワードは半角英数字の組み合わせ、6文字以上でご入力ください。

Facebookで会員登録

スマホアプリ

•••• SoftBank 4G 20:15

✕ 会員登録

| 会員登録 | ログイン |

メールアドレス

minne@example.com

minne ID　半角英字・数字・ハイフンで3文字以上

minneで使用するユーザー名

パスワード　英字と数字を組み合わせて6文字以上

利用規約に同意して会員登録

ご確認ください

利用規約　プライバシーポリシー

Facebookでの会員登録の場合は、選択するとFacebookのログイン画面に移動しますので、表示に従って進みます

会員規約には、指定事項の全部または一部に虚偽、不正確または誤りがあった場合は、利用のための審査に必要な資料の提出を求める場合があると明記されています。快適に利用するためにもしっかりと記載し、漏れやミスのないようにチェックしましょう。

PC サイトとアプリでは若干ページの表記が違う

パソコンサイト

その他	
お客様情報	お客様情報の登録・変更ができます
配送先設定	購入した作品の送り先を設定できます
銀行口座設定	売上げを受け取る銀行口座設定と変更をすることができます
特定商取引法に基づく表記に関する設定	特定商取引法に基づく表記に関する設定をすることができます
振込み予定通帳	売上げ金額の確認と履歴を見ることができます
集荷代引の設定・変更	販売者の元へ集荷へ行き、購入者に代引でお届けする集荷代引の設定・変更ができます
クレジットカード設定・変更	作品購入時に利用するクレジットカードの設定と変更ができます
クーポン	クーポンの確認ができます
ソーシャル設定	ソーシャルサービス連携の設定ができます
メール受信設定	お知らせメールの受信設定などができます
ログイン情報の変更	ログイン情報（パスワード・メールアドレス）の変更ができます
退会	minne（ミンネ）の利用をやめることができます

スマホアプリ

●●●●● SoftBank　4G　14:21

≡　　　設定

プロフィール　　　›

お客様情報　　　›

クレジットカード　　　›

口座情報登録　　　›

プッシュ通知設定　　　›

メール受信設定　　　›

ログアウト

> パソコンサイトとアプリ
> それぞれからしか変えら
> れない項目もあります

お客様情報は正しく正確に入力しよう

パソコンサイト

スマホアプリ

その他

その巻トップに戻る > お客様情報設定

お客様情報の変更　（*印は入力必須項目です）

お名前 *	高橋	亜矢
フリガナ *	タカハシ	アヤ
メールアドレス	info@charakitar.com	
生年月日 *	1976　6月　29	
性別 *	◯男性 ◉女性	
郵便番号 *	0600061	
都道府県 *	北海道	
市町村・番地 *	札幌市中央区南1条西4丁目	
建物名など	4丁目プラザ7F キャラキター	
電話番号 *	0112610548	

※名前、住所、電話番号は、作品購入時にご宛名情報として表示・反映されます

この内容で登録する

●●●●● SoftBank 4G　14:21

お客様情報

姓	高橋
名	亜矢
セイ	タカハシ
メイ	アヤ

郵便番号	0600061
都道府県	北海道
市町村・番地	札幌市中央区南1条西4丁目
建物名など	4丁目プラザ7Ｆ キャラキター
電話番号	0112610548

以上は取引に必要な情報です。

生年月日	1976-06-29
性別	男性　女性
メールアドレス	info@charakitar.com

登録する

入力ミスや漏れがないか
しっかりチェックして登
録しましょう

売上代金の振り込み口座や決済のクレジットカードを登録

販売・決済情報を入力しよう

 販売に関する情報を入力しよう

　お客様情報を入力した後は、販売と購入にまつわる情報を入力していきましょう。

　銀行口座情報は、商品の売上代金が振り込まれる口座情報です。間違ってしまうと振り込まれないので念入りに確認しておきましょう。銀行コードという言葉は聞きなれないかもしれませんが、銀行にはそれぞれ決まった番号が存在します。わからない場合は、「銀行コード　検索」などのキーワードで検索すればすぐにわかります。海外の銀行口座は指定できません。

　パソコンサイトのみの機能ですが、特定商取引に基づく表記の記載欄があります。

　特定商取引に基づく表記は、営利の意思を持って反復継続して取引を行う場合に、販売業者は情報開示の義務が発生すると定められた法律です。継続的に販売していきたいと思う場合は、入力しましょう。

 購入に関する情報を入力しよう

　配送先設定は、minne で購入した商品の配送先の登録です。お客様情報で登録した住所を含め全部で5件登録することができるので、購入した商品を会社で受け取りたい場合や、実家に送りたい場合、友人から頼まれて購入した場合などに便利です。

　クレジットカード情報の登録は、商品を購入する際の決済のひとつとして登録します。カードは1枚までしか登録できないので、登録したカードと違うものを使用したい場合は、登録してあるカード情報を一度破棄してから再度登録してください。

　クレジットカードの有効期限が切れると決済できなくなります。クレジットカード会社から新しいクレジットカードが届いた際には、minne のクレジット情報も忘れずに更新しましょう。

銀行口座設定で売上の支払先を登録しよう

パソコンサイト

売上支払先

銀行コード	9900
銀行名	ゆうちょ
支店コード	908
支店名	九〇八
口座番号	
口座名義	タカハシ　アヤ

編集

スマホアプリ

●●●●● SoftBank 4G　14:22

お客様情報

作品の代金が振り込まれる口座の情報です。

銀行名	ゆうちょ 銀行
支店名	九〇八 支店
銀行コード	9900
支店コード	908
種別	普通　当座
口座番号	
口座名義	タカハシ　アヤ

お振込について

・毎月月末〆の翌月末支払いです。
・振込手数料はお客様にご負担いただいております。
　（振込1回につき172円）
・銀行口座に海外の銀行はご指定できません。

> すべての銀行と支店には
> それぞれ番号があります
> のでわからない場合は検
> 索してみてください

SNSの連携やプッシュ通知の設定は重要

section 03 その他の情報を入力しよう

 ソーシャルサービスとの連携も可能

　その他の設定では、第2節でお伝えしたものの他にも設定できる項目があります。パソコンサイトは特定商取引法に基づく表記に関する設定、振り込み予定通帳、集荷代引の設定・変更、クーポン、ソーシャル設定、メール受信設定、ログイン情報変更、退会処理が可能です。
　アプリの場合は、「設定」からプッシュ通知設定、メール受信設定が可能です。
　ソーシャル設定は、minneに新しく登録した商品のお知らせなどをTwitter、Facebookと連携させて自動で投稿することができる機能で個別に連携・解除できます。
　クーポン設定は2015年10月に新しく搭載された機能で、残念ながら執筆段階では詳しいことはまだ未発表です。今後のminneからの発表に注目していきたいですね。

 お客様のアクションをお知らせするプッシュ通知設定

　なかでも大切なのは、PCサイトのメール受信設定とアプリのプッシュ通知設定です。この通知をONにしておくことで、お客様からのアクションを見逃しにくくなります。特にアプリのプッシュ通知は、携帯で他の操作をしている時にもリアルタイムで知らせてくれるので、メッセージの受信や商品の購入がすぐにわかるので便利です。
　ただ、プッシュ通知はレビューが届いたことをお知らせする機能がないため、メールの設定を忘れずにしておきましょう。レビューは客観的なご意見をいただくことができる、作家にとって貴重な財産です。購入の決め手になったのは他の方のレビューという事例も少なくないので、お声をいただいたらできるだけ早くお礼の返信ができるとお客様の信頼度もアップします。いずれの設定も変更可能なので、まずは使ってみて必要に応じて変更するのがよいと思います。

相手を安心させる情報をセレクトする

プロフィールを入力しよう

 ## 安心して買いたくなるプロフィールに必要な「5W1H」

　パソコンサイトは「会員ページ」から、アプリは「設定」からプロフィールを入力します。ニックネーム・肩書は覚えやすくわかりやすいものがおすすめです。

　自己紹介欄は、お客様があなたの商品を気に入った時に、安心して購入できるような内容にまとめます。あなたの情報をわかりやすく簡潔に伝える「5W1H」を意識した文章がおすすめです。誰が・何を・いつ・どこで・なぜ・どのように、の6つの要素を文章内に意識して入れてみます。文章の組み立てはその順番でなくても構わないので、商品のコンセプトや製作のこだわり、作家歴や販売歴などとともに、「誰が」の部分で、お住いのエリアやパーソナル情報をプラスした文章を考えてみましょう。

 ## 保有メディアや写真の公開でさらに安心度を高めよう

　自己紹介だけでは魅力を伝えきれないことが多いので、ホームページやブログなど自分の保有メディアがある方は積極的に入力していきましょう。

　写真はパソコンページの場合は3枚、アプリの場合は1枚表示されます。メイン写真は作家のアイコンとなりますので、できれば作家ご自身の顔写真がおすすめですが、抵抗のある方は商品の写真や製作をイメージできる道具や風景の写真を使用するとよいでしょう。

　メインのプロフィール写真は、角の取れた丸い写真として表示されるので、その点を意識してわかりやすい写真を選びましょう。また、メインの写真で顔写真以外を使用する際は、小さなアイコンになった時も印象に残りやすいような色合いや形などを心がけ、商品の場合は特徴的な部分をアップで撮影するなどの工夫が必要です。

お客様に信頼してもらえるプロフィールを作成しよう

パソコンサイト

プロフィールの編集

ページURL	https://minne.com/charakitar/profile
アイコン	ファイルを選択 選択されていません 削除する
自己紹介写真 ※作品の制作風景や、オススメ作品など。	ファイルを選択 選択されていません
ニックネーム	charakitar
肩書き	minne研究家
自己紹介	こんにちは。 北海道札幌市で雑貨店とレジン教室を運営している Charakitar*キャラキター*と申します。 実店舗ではレジンの材料やハンドメイド作家商品などを 取扱っています。 レジン教室は4年前から開催しており 材料は教室でも使用している、使いやすいものを中心に販売しています。 また、ハンドメイドの商品販売・教室運営指導のセミナーや コンサルティングなどもしております。 ブログ等ございますので、是非ご覧くださいませ。
ホームページ	http://charakitar.com
ブログ	http://ameblo.jp/charakitar/
facebook	https://www.facebook.com/ charakitar
twitter	http://twitter.com/ charakitar
mixi	http://mixi.jp/show_profile.pl?id=

この内容で登録する

スマホアプリ

●●●●● SoftBank 4G　14:22

< **プロフィール設定**

編集

ニックネーム	charakitar
肩書き	minne研究家
自己紹介	こんにちは。 北海道札幌市で雑貨店とレジン教室を運営している Charakitar*キャラキター*と申します。
お気に入りされた数	282
フォローした数	70
フォローされた数	58

> プロフィールは単なる自己紹介ではなく、お客様が安心して取引できると思えるような、こだわりや誠実さを盛り込んで作りましょう。

作家の顔ともいえるページです
ギャラリーページをメンテナンスしよう

パソコンサイトから編集できるギャラリーページ

　ギャラリーページとは、販売している商品が一覧表示できるページです。個別の商品ページにある作家名をクリックすると表示されます。プロフィールページのトップには『ギャラリーについて』という項目が設定されており、取引全般に関するお知らせなどを書き込むことができます。ギャラリー名は作家名のアルファベット表記＋GALLERYになります。ギャラリーページの内容はパソコンからのみ編集可能で、会員ページにあるギャラリー設定から行います。ギャラリー名や紹介文の他、フォントや文字のスタイルなど細かく指定することができます。

　また、ギャラリーは販売中の商品だけでなく、販売をしていない展示商品も公開することができます。

人気作家さんのギャラリーページの特徴

　レビュー数の多い人気作家さん100名のギャラリーページをチェックしたところ、いくつか共通点がありました。なかでもほとんどの方が設定していたのが、「ご注文前にご覧ください」という項目です。ここでは主に、発送に関すること・オーダーに関すること・メールやレビューに関することが大半を占めていました。

　次いで多かったのは、お休みの連絡や書籍やマスコミでの紹介告知、minneでの上位ランキングやピックアップ選出の報告、商品のお手入れ方法などです。アクセサリー作家の方は、金具の交換についての記載も多かったです。

　いずれにしても、チェックした9割近くの人気作家さんがギャラリーページを活用しており、お客様に対して伝えたいことを具体的にお知らせしていました。

ライバルの動向をチェックするためにも使える
気になる作家さんをフォローしよう

 フォローはボタンひとつで簡単設定・解除可能

　かわいい・ステキな商品を見つけた時には、作家をフォローしましょう。PCサイトでは個別の商品ページの「フォローする」ボタンをクリックします。アプリは作家名の横にある、オレンジ色の人の形のボタンがフォローボタンです。

　フォローした作家の商品の情報は、PCサイトの場合「会員ページ」、アプリの場合は「メニューページ」にある「フォロー」に進むと、一覧を見ることができます。

　同じページ内の「フォローされている」タブで切り替えると、あなたのことをフォローしている方の一覧を見ることもできます。自分のことをフォローしてくれている作家の商品をチェックすると、思わぬ発見があったりもするのでおすすめです。

　フォローの解除は同ページで可能なので、まずは気軽にフォローしてみましょう。

 フォロー機能でライバルや人気作家の秘密を予測

　フォローはライバル作家の定点観測にも役立ちます。同じジャンルの作家さんがどのような商品を販売しているのか、お客様からどのようなレビューをいただいているのかなどをチェックするためにも、積極的に使っていきましょう。

　プッシュ設定やメール設定をONにしていると、フォロー作家の新作のお知らせが届くので、定期的にチェックすることで自分の製作や販売のヒントになることもあります。

　単純にデザインや価格を参考にするだけでなく、レビューの内容やギャラリーページの更新内容などにも注目し、ライバル作家・人気作家の特徴をつかむことができれば、minneでの商品販売の参考になります。

Column

お客様から時間を預かっていることを自覚しよう

お客様から注文をいただいたとき、急がないからいつでもいいよと言っていただくことがあります。その言葉は、作家にとっては気持ちがあせらないことにはなりますが、甘えてはいけないという気持ちを忘れないようにしましょう。

minne には商品登録のときに納期を書くところがあり、その納期までに送る約束になっています。

しかし、先にお金を払ったお客様は毎日、商品はいつ届くのか、手にとって見ることを楽しみにしています。

『時は金なり』ということわざがありますが、お客様から注文をいただき発送し、届くまでは、お客様が時間を気にしている、つまり、作家が時間を預かっている形になります。インターネット販売なので、ちゃんと届くのか、こわれていないかなどの不安な気持ちもあるので、なおさらです。

また、飛行機や電車などのトラブルで予定通り届かず、お客様との信頼関係がこわれてしまうこともあります。そのため、期日に余裕を持つことをおすすめします。

ただし、送る前に材料がそろわなくて作れないなどのトラブルで納期が遅れてしまうこともあります。そのときは、わかった時点ですぐにお知らせしましょう。

たとえば待ち合わせしていたとき、遅れることがわからないで待っている 10 分と、遅れるという連絡を早めに聞いて待っている 10 分とでは、気持ちが全然ちがいますよね。

もし、納期が遅れるときには、①あやまる　②理由を説明する ③何日の発送になるかをお話しする ④お客様にわかっていただけたら、「ありがとうございます」と言い、着いたことを確認できたら、もう１度「ありがとうございました」と感謝の気持ちを表す。そうすることでお客様との信頼関係ができ、リピートにつながると私は思います。

chapter 3

適正価格のつけ方を考えよう

安易な価格設定は自分の首をしめる

価格設定の基本的な考え方

 ## 価格を決める3本の柱

　商品の価格を決める時に必要なのは、①材料費、②人件費（手間賃）、③経費の3本の柱です。特に②の人件費（手間賃）や③の経費を、どの程度商品の価格に反映すればよいかわからないという方も多いと思います。

　人件費はお住いの地域の最低賃金をベースに考えてください。ちなみに、東京都は907円（2015年10月現在）です。経費はラッピング資材やminneの利用料などです。

　たとえば、材料費が500円、製作に1時間、資材に50円かかる商品の価格の目安は、おおよそ1600円です。この金額の算出方法に商品のジャンルはまったく関係ありません。

　次に、その商品と同程度の商品をminneで1600円前後で販売している人がいるか、この価格でのニーズがあるかを確認します。この価格での販売が難しい場合は、費用を削って試作しなおすか、販売を再検討します。

 ## 価格は親しい人ではなく、マーケットに尋ねよう

　家族や友人に「これっていくらなら買う？」とリサーチする人が多いのですが、見ず知らずのお客様に買ってもらいたいと思うなら、親しい人へのリサーチは参考になりません。minneをはじめ、色々なマーケットプレイスで実際に取引されている価格を参考にしましょう。

　安売りがダメなのではなく、お客様に自分の商品を長く供給し続けることができるような適正価格を計算したり調べたりして設定しましょう。売れたら値上げすればいいやと安易な価格設定をしがちですが、商品が売れるようになってから、赤字だからといって大幅な値上げをするのはとても難しく、お客様からの信頼も失ってしまいます。

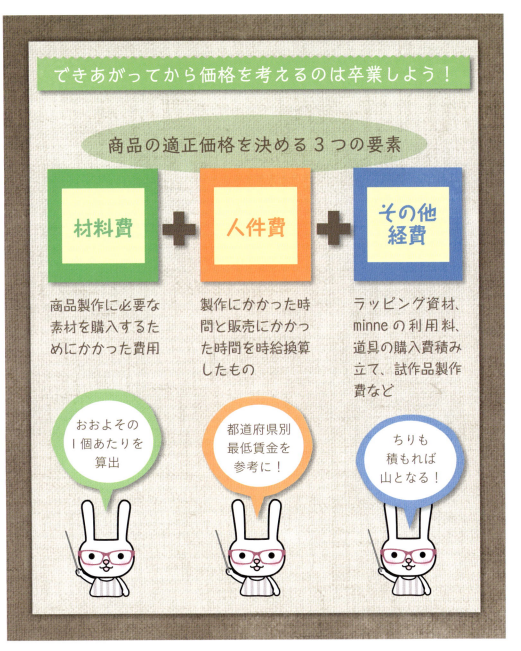

適正価格で売り続ける計画を立てよう

コストはできるだけシビアに見ていこう

材料費調達コストもしっかり考えよう

　少しでも材料費を抑えるために最安値を探してあちこちのショップから材料調達をしてしまう作家さんも多いのですが、探したり不具合があった時のやり取りの時間と手間などを考えると、頻繁に仕入先を変えてのコストカットはおすすめできません。

　売れている作家さんの多くが、材料調達の手間を極力減らしています。その分、ひとつでも多くの商品を完成させることに力を注ぎ販売したほうが、長い目で見た時に結果として利益に繋がるからです。

　適正価格で販売し続けるためには、単に商品や材料の価格だけではなく、製作から販売までのトータルでかかる時間とお金を意識し、目先のことだけではなく長く続けられる計画を立てて取り組んでいきましょう。

オーダーメイドの適正価格ってどのくらい？

　売上がついてこない時は、無理な計画を立ててしまいがちです。その中でも多い失敗のひとつが、オーダーメイドの価格設定です。

　オーダーメイドの場合、イレギュラーな対応をすることになるので、通常よりも大幅に人件費がかかることを理解した上で設定します。フルオーダーの適正価格となれば、通常の3〜5倍の価格になることも少なくありません。手間がかかる＝価格が上がることを意識しましょう。

　もしもオーダーを取り入れるのなら、色を変えられる・一定の範囲の中からパーツを選べるなど、できるだけ手間のかからない範囲での設定のセミオーダーやカスタムオーダーなどにとどめておくとよいでしょう。

セミオーダー・カスタムオーダーを設定するポイント

オーダーでパンクしないための3つのポイント

- **作業工程がほぼ一緒**
  - 色違い
  - 配置入れ替え

- **手元にある材料の範囲で製作**
  - 在庫部品の活用
  - 不良在庫の整理

- **通常よりも高収益**
  - オーダー料の設定
  - 追加料金の設定

手間がかからず高利益での設定

利益を取りやすい／取りにくい商品を意識しよう
利益率にはメリハリをつけよう

 利益や経費の捻出はトータルで考えよう

　商品にはしっかりと利益を乗せなければならないのはわかっていても、商品の価格に一律の利益を転嫁してしまうと、値ごろ感のある商品が作れなくなってしまうのも事実です。

　おすすめは、商品ごとの利益率だけにこだわらず、高利益の商品と低利益の商品を合わせて全体の売上としてのバランスを確保することです。

　利益率だけにこだわっていると、使える材料も一律になってしまい商品のラインナップに幅を持たせるのが難しくなります。トータルで考えて計画を立ててみましょう。

 セットで揃えたくなる商品を用意して利益を確保しよう

　ネックレスとピアスだったり、ハンカチとティッシュケースのように「セットで揃える」商品を準備しておくことで、利益率を調整しやすくなります。

　この時に大切なのは、商品に共通点があること（同じ柄・同じ色など）、セットで揃えたくなる写真が登録されていることです。

　セットでの販売は、文字ではなく画像で視覚的に訴えるのが効果的です。

　たとえば布小物の場合、装飾に特徴のある金具を使ったバッグを作っているとします。しかし金具部分が高額なので、計算上利益率が低くなってしまう。そこで合わせて持ちたくなるような、ポーチやハンカチなどの材料費が抑えられる商品を一緒にかわいくラッピングした写真を掲載すれば、「プレゼントとしてセットで買おう」と思うお客様もでてきて、トータルで利益が確保できる可能性もあります。

利益率の違う商品を組み合わせてトータルの利益率を意識する

- **利益率の高い商品**
  - 短時間で仕上がる商品
  - 高額商品

- **利益率の平均商品**
  - コストパフォーマンスの良い商品
  - 安定供給可能な商品

- **利益率の低い商品**
  - 作業工程の複雑な商品
  - 入手の難しい材料で作られた商品

利益率の違う商品をバランスよく販売することでトータルでの利益率を確保できるように計画することが大切

お客様が商品を選びやすい松竹梅の法則を取り入れよう

全体の利益をアップさせるテクニック

 つい真ん中を選びたくなる「松竹梅の法則」

たとえばお寿司屋さんで「松・竹・梅」と3つのコースがあったら、どれが一番売れると思いますか？

実は、心理学では極端の回避性（松竹梅の法則）といって、人は3段階のグレードがあれば自然と真ん中を選びたくなるのです。梅では安っぽいし、松では贅沢だから真ん中の竹にしようという心理です（中間のものをちょうどいいと認識し選ぶ心理）。

それを踏まえて商品やサービスを見ると、世の中には確かに3段階で設定されているものが結構ありますね。美容室やマッサージ店、アイスクリーム屋さんなど、ついつい真ん中を選択したくなるものが多いような気がします。

 売れ筋にしたいものを真ん中（竹）に設定しよう

自然と真ん中を選びたくなるということは、竹に当たる商品が売れ筋になる可能性が高いということです。つまり、自分の商品の中で売りたいものを真ん中の価格に設定し、それを基準に価格やラインナップを決めていくのです。

一番高価な松の利益率が高いと思ってしまいますが、一番数が出るであろう竹の利益率をしっかりと確保できれば、松や梅の利益率はほどほどでも問題がないのです。

多くの方が「最初は低価格で技術の向上とともに値上げ」を考えていますが、実際技術が向上したからといって大幅な値上げは簡単にはできません。深く考えず低価格で始めて、人気が出たので価格を上げたら誰も買ってくれなくなってしまった、という声もよく聞きます。価格設定は慎重に行いましょう。

センスは自分で磨くもの
セ ン ス を 価 格 に 反 映 さ せ る た め に 必 要 な こ と

 センスを表現するアウトプット力を身につける

　売れっ子作家さんの条件に、「センスのある人」を挙げる方が多いと思います。では、商品を製作し、販売する上でのセンスとは具体的にどのようなことなのでしょう。
　センスとは、物事の雰囲気や味わいを微妙な点まで悟る働きや感覚のことを指します。
　つまり、センスのある作家というのは、自分が販売しているジャンルの商品を好む人に対し、雰囲気や味わいを感じてもらえるような要素を商品の中にデザインとして盛り込んだり、ネーミングやストーリーを考えられる人のことを指します。大切なのは、味わいやニュアンスを伝わりやすい形で表現する「アウトプット力」を身につけるということです。

 アウトプットを支えるインプットを強化しよう

　売れっ子作家さんというのは、独自のセンスに価値を感じてくれるお客様が多い人です。だからこそ、自分のつけた価格に納得して購入してもらうことができます。
　センスを価格に反映させるためには、センスがあるといわれている作家さんをリサーチしてください。そして雰囲気や味わいを、どのような形で表現しているのかを自分なりに整理し、自分に置き換えて考えてみます。
　つまり、売れっ子作家さんの表現方法を自分の中に取り込み（インプット）、その中から自分のお客様と見込み客（お客様予備軍）が考える「センス」を予想して、自分の中にある要素を磨き上げ、商品製作・販売に取り入れていくことが重要です。
　センスは「磨く」という表現をするように、手入れをして美しくするものです。売れていない＝センスがないのではなく、実は磨いていないだけなのです。

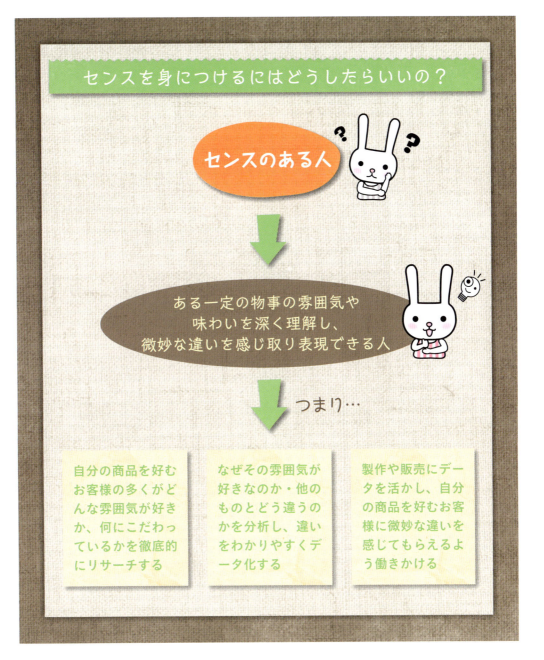

経費と相談しながら決めていこう

付帯サービスを決めよう

 お客様がよろこぶ付帯サービスは購入を決める一押しになる

　商品は気に入ったけれど、送料やラッピングなどの商品以外の部分で購入をためらった経験が皆さんにもあると思います。付帯サービスとはオプションのことで、充実させることで購入を決める最後の一押しになります。たとえば送料が無料だったり、かわいらしくラッピングして届けることで、商品の魅力に付加価値をプラスすることができます。

　minneでは決済金額を出品者が変えることができないため、複数購入による割引などはできませんが、たとえば○○円以上お買い上げの方にはおまけをつけるというのも嬉しいサービスだと思います。特に購入した商品に関連しているものだと、本当は単品で買おうと思ったけれどセットで買っちゃおう！　と、ついで買いの気持ちを起こさせる可能性がアップします。

 過剰なサービスは商品の価値を下げることになるケースも

　付帯サービスはあくまでもオマケです。買ってもらいたいために過剰にサービスをしすぎるのは、結果として商品の価値を下げることにも繋がるので注意が必要です。

　どんなサービス内容にするのかは、一定の基準を設けてその範囲の中で無理のない程度に行いましょう。送料無料のサービスはお客様にとっても魅力的ですが、作家側も配送方法を統一することで手間を減らすことができるという利点もあるので、上手に利用するとよいでしょう。

　サービスという名前はついていますが、これももちろん経費です。お客様が購入して発生した利益の中から捻出される費用で行うのが付帯サービスです。

　すべてのお客様に付帯サービスありきで考えるのではなく、多く利益をもたらしてくれたお客様に対しての心遣いを形にしたものと考えて設定していきましょう。

Column
これからのハンドメイドマーケットプレイス

　2014年12月、minneを運営する(株)GMOペパボが「minneに積極的に投資する」という衝撃的な発表をしてから約1年、minneはみるみるうちに業界トップへ上り詰めていきました。

　大きな変化が現れたのは、サイトやアプリを利用する人数や、流通している商品数、取引金額などはもちろんですが、百貨店など商業施設とのコラボイベント開催や梱包資材の開発やminneのアトリエに代表される作家支援など、リアルな活動について力を入れている点です。

　あらゆるものをインターネットで売買することが当たり前になった今でも、売り手も買い手も「人」対「人」である限り、リアルのコミュニケーションはなくてはならないものです。

　しかし企業は事業を大きくするときに、優先順位の高いところから投資していくのが基本です。だからこそホスティング（ウェブサービスの運用）やEC支援（インターネットでの商取引）に強い会社が、リアルコミュニケーションの部分を重視し投資しているというのは、ハンドメイド作家にとって明るいニュースだと思っています。

　この1年、ハンドメイド業界は大きく変わりました。そしてこの流れはますます加速していくことが予想されます。今はまだハンドメイド＝趣味というイメージが強いですが、minneをはじめ、多くのハンドメイドマーケットプレイスで商品を売買することが一般に浸透していけば、市場はますます活性化していき、ハンドメイドという言葉の印象も今とは違うものになっているかもしれません。

chapter 4

買いたくなる写真を撮るテクニック

商品の良さを伝える写真を撮ろう

写真の撮り方の基本

 写真の基本は商品にピントを合わせること

　カメラやスマートフォンの性能が良くなり、初心者でも簡単にステキな写真を撮ることができるようになりました。しかし、販売用の写真となるとステキな雰囲気の写真だけでは購入に繋がらないケースもあるので、商品の良さを伝えられる写真の基本を覚えましょう。

　大きく分けてポイントは4つあります。①商品にピントを合わせる、②明るい場所で撮影する、③背景をシンプルにする、④商品と小道具や背景のバランスを考えることです。

　アクセサリーなど小さいものは、商品に近づきすぎたり、商品以外にピントが合ってしまいピンボケしやすいので注意します。自然光で撮影するのが望ましいのですが、夜しか撮影できない場合は、蛍光灯の光だけだと暗く写りがちなので、ライトをプラスするなどの工夫が必要です。

 魅力的な写真を作る最大の味方は「自然光」

　魅力的な写真を撮るためには、自然光を利用するのがおすすめです。

　商品撮影に向いているのは朝の光。朝〜午前中の光はやわらかく、実物に近い色合いで撮影できるからです。窓に向かって斜めの位置から撮影する「半逆光」で撮影すると、自然で明るい写真を撮ることができます。

　窓から直接光が入らないようにレースのカーテンをした状態か、もしくはトレーシングペーパーのような光を通すものを用意すると、さらにやわらかい写真が撮影できます。

　朝は忙しくてなかなかじっくり撮影できないという方も、撮影日を決めて前日からセッティングをしておき、翌朝は早く起きて撮影するなど工夫してみるとよいでしょう。

自然光は初心者さんにとって魔法のライティング

写真撮影の 基本

朝〜午前中のやわらかくて色のついていない光は、実際の商品の色に近い状態で撮影できます。

直射日光が入らないようにレースのカーテンもしくはトレーシングペーパーなどを窓に貼りつける

窓に対して斜めの位置から撮影する半逆光がおすすめ。手ぶれしないように気をつけながら撮影する

chapter 4　買いたくなる写真を撮るテクニック

夜しか撮影できない方には撮影ボックスがおすすめ

撮影ボックスとは？

自然光にはかないませんが、夜しか撮影できない方におすすめなのが、撮影ボックス。ネットショップなどでも色々なタイプが販売されていますが、折りたたみできるもので、簡易ライトなどがついて5000円前後で販売されています。小物の撮影などがメインの方にはおすすめです。

検索

撮影　ボックス　セット

まずは手軽なスマートフォンから始めよう

どんなカメラで撮影すればいいの？

 自分の技術に合った性能のカメラで撮影しよう

　最近は価格も性能も様々なカメラが販売されていますが、その中でも一番きれいに撮影できるのは一眼レフカメラです。一眼レフカメラは、プロのカメラマンも使用しているカメラです。

　技術があれば少々暗い部屋や天気の悪い日などの悪条件でも、きれいに撮影することが可能です。ただし、カメラ自体が高額で設定や覚えることも多く、初心者には手を出しにくいかもしれません。

　ミラーレス一眼カメラは、一眼レフほど価格も難易度も高くなく、露出の調整などもできるカメラで、写真好きな方に人気です。コンパクトデジタルカメラは、初心者でも簡単に撮影できるオートマチック機能が充実したカメラです。以前は初心者向けカメラの主流でしたが、近年スマートフォンのカメラ性能の向上により需要が減少しているようです。

 高機能で手軽なスマートフォンでの撮影がおすすめ

　写真の完成度は一眼レフやミラーレス一眼のほうが高いですが、その分技術や手間がかかるので、写真が苦手な方はスマートフォンで上手に撮影できるように練習するとよいでしょう。

　スマートフォンには補正機能が装備されているものも多いので、積極的に色々な機能を使ってみてください。ただし、遠くの被写体をアップにするズーム機能は他のカメラとは違い、撮影箇所を拡大することでズームにしているため画像が荒くなります。

　最近では写真加工関連で様々なアプリがリリースされているので、撮影した写真を加工・編集することも可能です。一眼レフのように露出を調節してくれたり、質感や雰囲気を調整してくれるものもあります。自分の商品に合ったアプリを探してみましょう。

自分に合ったカメラを使いこなして写真を撮ろう

カメラは大きく分けて4タイプ

一眼レフカメラ

プロ仕様で細かな補正ができたり画質も良いが操作が難しい。

スマートフォン

コンパクトデジタルカメラとほぼ同等のカメラ機能が内蔵されており、アプリなどですぐ加工ができるのが魅力。

ミラーレス一眼カメラ

一眼レフよりも使いやすく、補正などもできるので写真好きな女子に人気のカメラ。

コンパクトデジタルカメラ

ズームなどもボタン一つで簡単に撮影できるカメラ。補正などの微調整はしにくい。

効果バツグンのレフ板を手作りしよう

あると便利な撮影グッズ

　きれいな写真の必須アイテム「レフ板」を手作りしよう

　本来、撮影グッズというのは値の張るものも多いのですが、写真のプロではない私たちはできるだけリーズナブルで手軽なもので揃えたいものです。最近では100円ショップやホームセンターに撮影に役立つグッズがあるのでご紹介します。

　なかでもおすすめは、商品を明るくきれいに見せてくれるレフ板です。

　レフ板は光源を反射して商品に光を当ててくれるアイテムで、メリハリのある仕上がりになります。光を反射しやすい白色と銀色で製作するのがおすすめです。白色は100円ショップやホームセンターにある発泡スチロールの白色ボードを2枚連結させて完成です。

　銀色は先ほどのボードに、アルミホイルもしくはアルミテープを巻いて固定して完成です。2種類用意して状況に合わせて使い分けるとよいでしょう。

　背景や立体感を演出するグッズを揃えよう

　低コストできれいな写真を撮るには、背景用の撮影グッズは欠かせません。

　最もオーソドックスなものといえば、光の回りの良い白背景。同じ白色でも紙や布、板をペイントしたものなど色々な素材のものを数種類を用意しておけば、撮影する商品によってよりきれいに撮れるものをチョイスできます。

　アクリル小物や積み木を使って商品を立てた状態にしたり、布小物は中に詰めものをした状態で撮影すると立体感が出て商品の魅力が伝わりやすくなります。

　洋服など大きなものを撮影する際は、壁紙を小さな単位で数種類購入し、背景として使用すると色々なお部屋で撮影した雰囲気を演出することができます。

きれいな写真を撮るためのアイテム「レフ板」

レフ板とは？

レフ板は太陽光やライトの光などの光源を反射して商品に光を当てるアイテムです。レフ板があると、ない時に比べ商品全体にまんべんなく光が当たるため、商品が明るくなりメリハリのある仕上がりになります。

光を反射しやすい白色と銀色で製作するのがおすすめです。

商品をよりステキに見せるスタイリングを心がけよう

小物選びとスタイリング

 お客様が使用感をイメージできる小物を選ぼう

　ステキな写真を撮影できると売上に繋がりやすくなりますが、必ずしも写真が上手な人＝売れっ子なわけではありません。

　お客様に欲しいと思ってもらうためには、商品が引き立つ写真だけではなく、実際に使用しているところを想像できる写真をプラスするとよいでしょう。

　ポーチやカバンは中に小物を収納した状態で、アクセサリーは着用イメージを、洋服はコーディネイトしてボディに着せて撮影したほうが商品が引き立ちます。

　自分の商品に合った小物は、ショップのディスプレイやカタログ写真などを参考にすると、どんなものを用意すればよいかイメージしやすいです。

 商品が引き立つスタイリングを心がける

　スタイリングとは、魅力的な写真を撮るための構図や小物をコーディネートすることです。

　おすすめは、三分割法という画面を縦横3つに分割した構図です。写真が苦手な方は「日の丸構図」という、商品を真ん中に持ってくる構図にしがちですが、三分割法は、商品の中心を縦横2本ずつ、計4本の線が交わる交点、もしくは4本のライン上に配置して撮影する方法です。

　スタイリングに使用する小物は、色々なものを詰め込みすぎずシンプルに。あくまでも商品を目立たせるためのスタイリングだということを忘れないでください。

　スタイリングにこだわりすぎると、アーティスティックな写真になりがちです。minne で写真を見た人が、あなたの商品を買いたくなるような構図や小物選びを考え、たくさん練習することで写真の腕はグッと上達します。

初心者でも取り組みやすい構図「三分割法」にチャレンジ①

三分割法とは？

商品の中心を4本の線が交わる交点、もしくは4本のライン上に配置して撮影する方法。

ついやりがちな

日の丸構図とは？

商品の中心を真ん中に持ってくる構図。

初心者でも取り組みやすい構図「三分割法」にチャレンジ②

さらに写真の魅力をアップさせよう

写真を加工してみよう

 写真の加工にはアプリがおすすめ！

撮影した写真をさらにステキに仕上げるために、加工を施してみましょう。

最近では写真加工のアプリがたくさんあるので、自分に合ったものを利用してみるとよいでしょう。特に第4節でお伝えした三分割法を基に撮影された写真は空間ができる構図になるので、そこに一言文字をプラスすると商品の魅力がグッと引き立ちます。

minne作家の方々の代表的な文字入れは、IDや屋号をクレジットとして入れています。また、商品のイメージに合うフレーズを入れている作家さんもいます。

文字入れは、背景や空間によっては入れることでバランスがとりにくくなることもあるので、シンプルなデザインにワンポイントでプラスするのがおすすめです。

 写真は正方形にトリミングしてみよう

minneでは一部を除き、ほぼ正方形での掲載となります。正方形以外で撮影した写真は、場合によってはスタイリングが生かしきれない写真として表示されてしまうかもしれません。

そのため、あらかじめ写真を正方形にトリミング（切り出し）しておくとよいでしょう。

多くの写真加工アプリでは、正方形のトリミングが可能です。使い慣れたアプリがあれば、機能を確認してみてください。

またスマートフォンの種類によっては、最初から正方形で撮影できる設定もあります。

同じスタイリングの写真もトリミングの仕方によって雰囲気が変わりますし、好みもあります。フォローしている作家さんのトリミングを参考にしながら、自分の商品が引き立つ切り出し方を考えてみてください。

Column
リアルのサポートが嬉しい minne のアトリエ

　世田谷区に「minne のアトリエ」というハンドメイドを楽しむための誰でも気軽に使えるアトリエがあります。ここはワークショップを開催したり、商品製作のアイディアを出し合ったりできるリアルで楽しめる場所です。

　実際に利用したことのあるアクセサリー作家のきらきら SUN さんに、minne のアトリエの魅力を聞いてみました。

　ここの魅力は何といっても minne のスタッフさんと直接お話しできること。作家支援担当のスタッフさんが、minne で困ったことなどに相談に乗ってくれるそうです。

　しかも、サイトにアップするための写真を撮る撮影機材を無料で貸してくれたり、写真がうまく撮れないという作家さんには、撮影のアドバイスなどもしてくれるそうです。

　現在は東京のみですが、2016 年には神戸にもアトリエが増えるそうで、ますますリアルのサポートも充実してきますね。

chapter 5

欲しくなるタイトルや文章を考えよう

section 01 お客様が探しやすいタイトルをつける

よく検索されるキーワードを把握しよう

 お客様が検索するキーワードを予想する

　インターネットで「こんなものが欲しいな」と思って探したけれど、思い通りの商品にたどり着けず、結局探すのをやめてしまった経験があると思います。minneには約192万点の商品が登録されていますから、探しものにたどり着くのは至難の業です。

　一番理想的なのはピックアップやカテゴリーのトップにあなたの商品が掲載されることですが、作家側の努力でコントロールすることは難しいのが現実です。

　欲しいアイテムを探す時には、ピックアップやカテゴリーだけではなく検索を使います。

　つまり商品を売るためには、自分の商品を買いたいと思う人はどんな言葉で検索するかを考えて、そのキーワードを基に商品タイトルをつけていくことが重要です。

 抽象的な表現は検索されにくい

　作家さんは商品の世界観を重要視するあまり、検索しやすいタイトルをつけるのがとても苦手です。たとえば、ピンク色の紫陽花を加工して作ったネックレスに、「華やぐ春の雅樂（うた）」というタイトルをつけたとします。

　商品の画像を見れば、「ピンク色の紫陽花が華やかで、まるで春を伝えてくれるうたのようだなぁ」と感じることができるかもしれませんが、その商品を買いたいと思う人が検索してたどり着いてくれる可能性は極めて低いでしょう。

　商品タイトルは一般的なアイテム名を入れた方が検索されやすいです。先述のタイトルでは、検索上はどんな商品かわかりません。「イヤリング」と「耳飾り」では、検索上は確実に「イヤリング」のほうが探される可能性が高いです。抽象的なタイトルにするのは控えましょう。

魅力的に見える商品紹介文とは
商品へのこだわり100％の文章は逆効果

♥ 商品へのこだわりと客観的情報がバランスよく書かれた文章

　オリジナル商品を製作・販売している作家であれば、お客様に自分のこだわりを伝えたいと思うのは当然です。

　しかし、伝わりやすい文章でなければ思いをこめたストーリーや背景も意味のないものになってしまうし、こだわりだけでは初めてのお客様に購入してもらうのは難しいと思います。

　商品を購入に繋げるためには、こだわりのストーリーと商品の仕様や注意書きなどの客観的情報のバランスが重要です。文章量としてはこだわりを3割、客観的情報を7割で表現します。客観的情報の中には注意書きなどの特記すべきことも含みます。こだわりは文章量が少なくてもお客様の心に残りやすいので、客観的事実が多いほうがバランスよく伝わります。

♥ 客観的情報は肯定的で明るくやわらかい表現をチョイスしよう

　客観的情報は、「モノ」としての商品の良し悪しを判断するのに重要なので記載するようにしましょう。具体的には、素材（材質）、サイズ、特記事項などです。

　客観的情報はできるだけ肯定的で、明るくやわらかい表現をチョイスしましょう。たとえば、ノークレームノーリターンを明記する時に「素人が趣味で作った商品ですので細かいことを気にされる方は購入をお控えください」というような書き方をしてしまっていては、どんなに世界観を演出しても台無しです。

　そこで、「心をこめてひとつひとつ手作業で製作しているため、柄の出方は同じものがありません。お届けした商品を気に入っていただけると大変嬉しいです」などの事実を伝える際にできるだけお客様が納得しやすい表現をチョイスし、文章を構成していきましょう。

人気&商品の良さを伝えるキーワードがベスト

人気のキーワードを活用しよう

 人気のキーワードタイトルや説明文に盛りこもう

　minne は自分のファンや顧客だけでなく、自分の商品を知らない人にも購入してもらえるチャンスがある場所です。そのためにはまず、自分の商品に興味を持ち、購入してくれる可能性のある人の検索に引っかかることが重要です。

　具体的にどのようにすればよいかというと、「検索で探されやすいキーワード」をタイトルや本文に盛り込んでいくのです。つまり、自分の商品を表現する中でよく探されている検索ボリュームの大きいキーワードを見つけることがポイントです。

 キーワードの羅列ではなく文章として組み立てよう

　検索で上位表示されることは確かに重要なのですが、だからといってタイトルや本文が人気のキーワードの羅列では、商品の良さが伝わりにくくなります。あくまでも文章として著しく違和感を感じない程度に、人気のキーワードを優先的にタイトルや本文に盛り込んでいきましょう。

　多くの方がアクセスしてくれたり、お気に入りに登録してくれることも大切ですが、イコール売上ではありません。検索でたどり着いてくれた方をがっかりさせないように、世界観やこだわりの中に人気のキーワードを絡めるにはどうしたらよいかを考えながら文章を作成していきましょう。

　キーワードは意識していないとワンパターンなものしか思いつきません。日常の生活の中でふとした時に思いついたものを書きとめるなどして、ストックしていきましょう。

人気作家は検索を意識した商品ページを作っている

お気に入りの数5万弱＆
レビュー1300超の人気作家

さちみるくさんのこだわり

- 常用漢字で商品名をつける
- 自分らしさの伝わるオリジナルの商品名やシリーズを作る

検索されやすいように

- ストーリー仕立ての商品紹介
- サイズ・素材などの情報が網羅されている
- 雑誌掲載された実績が明記されている

人気作家さんの文章を分析しよう

「こだわり」を相手に感じさせる文章を目ざそう

 売れ続けている人の文章にはヒントがいっぱい

　人気作家さんになるには、ピックアップで取り上げられるなど運の要素も少なからずありますが、売れ続けている作家さんはキーワードの使い方が上手だったり、表現力が豊かだったりと、文章で表現する力を持っている方が多いです。

　つまり、売れ続けている人たちの文章には、お客様を虜にするヒントがたくさんあるということです。自分が文章を読んで買いたくなった作家の文章を数多くピックアップし、共通点を見つけてください。

　売れ続けている人を見つけるには、ピックアップや月間ランキングを参考にするとよいでしょう。さらに、その人のギャラリーページからお気に入り商品のタブを閲覧すると、売れている人を見つけやすいと思います。

 さりげなく気遣いができるフレーズや言い回しを見つけよう

　売れ続けている人の文章には、温かみがあります。読んでいて楽しい気持ちになったり、お客様のことを気遣っているのが伝わります。「私はこんなにこだわってます」と直接的に表現している文章ではなく、読んだ結果「こだわって作っているんだなぁ」とお客様に感じさせるフレーズや言い回しで表現している作家さんは、ピックアップで取り上げられた時だけでなく、いつも同じように売れています。

　つまり、人気作家さんの文章にはファンを作るエッセンスが詰まっているということです。

　自分で頭を悩ませて良い文章を考えるだけではなく、すでにお客様のハートをつかんでいる人気作家の表現力を参考にして、自分流にアレンジしてみましょう。

人気作家はお客様に商品をイメージさせるのが上手

平均8000円前後の商品が
コンスタントに売れる

CROCHETPICOTさんのこだわり

- 説明文は短く、かつ的確に
- 特徴のあるキャッチコピー

わかりやすく覚えやすい

着用イメージを想像させるフレーズを使用

サイズ・素材などの情報が網羅されている

商品のお手入れ方法などもしっかり明記

Column

レビューを書いていただけるよう工夫しましょう

　minne にはレビューという商品を買ってくださったお客様が感想を書くところがあります。そのレビューをお客様に書いてもらえるように工夫しましょう。

　レビューは買うことを考えているお客様があなたのプロフィールに書いてあるところを見ることで、商品やあなたのことを知り、安心し、信頼関係にもつながり、買うきっかけを作ってくれます。

　以前、私は商品を買ったお客様は商品が着いたら、みなさんレビューを書いていただけるものと思っていました。でも実際は、商品が届いていても、レビューを書いてくださる方はほとんどいません。

　そこで、商品と一緒にお手紙を入れて、レビューを書いていただきたいという気持ちを書き添えました。これだけで、商品が届き中身を確認したうえで、書いてくださる方がとても増えました。

　お客様にとっては、商品を手にした時に買い物が終わっていて、レビューを書くということは、手間になってしまいます。そのため「今後の活動の励みになるので、お手数ですが…」という言葉をつけて、お願いすることをおすすめします。

　レビューを書くかどうかは、お客様が自由に選ぶことができます。そして、中には感想だけではなく、ご要望やクレームなどもあるかもしれません。しかし、minne では、メッセージのように返信することもできます。メッセージとちがうところは、誰でも見ることができるところです。書いてくださったお客様へ心を込めて対応することを、ほかのお客様が見ているということになります。そのことも思い浮かべたうえで、minne のレビューを使うことをおすすめします。

chapter 6
商品を出品してみよう

カテゴリの選択も重要

商品を登録しよう

写真と文章で商品の魅力を伝えよう

　商品を登録していきましょう。パソコンサイトは会員ページの「商品を登録する」、アプリはメニューから「商品登録/商品一覧」に進みます。

　1つの商品につき上限5枚の写真を登録することが可能です。トップの写真はPCサイトの場合左端、アプリの場合は最初に登録した写真が選択されます。PCサイトのみ、登録した写真をドラックして入れ替えることが可能です。

　商品名・商品説明・大カテゴリ・小カテゴリを記入し、最後に公開設定・販売設定を選んで登録します。

より近いカテゴリーを登録する

　カテゴリーは最初にファッション、バッグ・財布・小物などの大カテゴリーがあり、その下にそれぞれ細分化された小カテゴリーが設定できます。

　自分の商品がどのカテゴリー登録に一番マッチしているのかはよく考えて選択しましょう。特に小カテゴリーには「その他」という項目がありますが、面倒だから全部「その他」にしてしまおう！　という登録の仕方だと、お客様が商品を探しづらくなってしまいます。

　迷ったら、色々なカテゴリーに実際に登録されている商品をチェックし、より自分の商品に近いものが多いほうに決めるというのもいいと思います。

　一度登録した商品も、登録ページからいつでも自由に内容を変更することが可能です。登録してみて反応がイマイチだと感じた商品は、商品名や商品説明をブラッシュアップするなどの定期的なメンテナンスで売上に繋がるケースも多いようです。

ギャラリーページは定期的にメンテナンスしよう
登録商品のバランスを
チェックしよう

 登録した商品を確認し全体のバランスを整える

　登録された商品は、ギャラリーページに並べられます。

　ギャラリーページはあなたの店舗です。商品を登録して終わりではなく、商品の並び順などの店構えをチェックし、お客様にとって魅力ある売り場になるようバランスを整えてください。

　人気作家さんの登録数を調べてみると、最低でも30商品は常時販売されていますし、なかには100商品を超える作家さんもいらっしゃいます。数がすべてではありませんが、お客様も選択肢が多いほうが選ぶ楽しさがあり、結果として購入に結びつきやすくなります。

 商品の並び順はパソコンサイトから変更可能

　ギャラリーページの商品の並び順は、パソコンサイトからのみ変更が可能です。写真の左横にある矢印の上下を押すと、商品の順番が入れ替わります。また、商品をドラックすることでも入れ替え可能です。

　パソコンページやアプリを実際に開いてみて、一番最初に目につくところに人気の商品を配置しておくと、その先も見てもらいやすくなるのでおすすめです。

　また、ギャラリーのトップの位置にある商品を定期的に変更すると、いつも閲覧している方にも新鮮に感じてもらえるのでおすすめです。

　多くの方は商品をくまなく見るのではなく、まずトップの数点を見て、その先をチェックするか瞬時に判断しています。写真映えするアイテムや、よく動いているものを中心に定期的に入れ替えするよう心がけましょう。

スマホメインの人もたまにはパソコンでメンテナンスしよう
商品一覧・管理をチェックしよう

パソコンサイトは商品メンテナンスや管理がしやすい

　商品一覧・商品管理では、登録商品の管理を一括で行うことができます。

　ここでは、パソコンサイト・アプリ共に個別の商品の修正が可能です。

　パソコンサイトでは、すでに出品している商品の内容をコピーする機能を使用できます。個別の商品登録の右側にある「コピー」ボタンを押すと、写真以外の内容がすべてコピーされるので、色違いや形違いなどのバリエーションのあるものを登録する際に便利です。

　商品の管理やメンテナンスに関しては、今のところパソコンサイトのほうができることが多いので、普段はアプリで管理をしている方も定期的にパソコンサイトでログインしてメンテナンスすることをおすすめします。

パソコンサイトから配送方法の一括変更が可能

　商品の配送方法を一括で変更したい時は、このページから操作できます。

　商品一覧・商品管理ページ上部の「配送方法の一括変更はこちら」に進むと、各商品の配送方法、配送エリア・備考、送料、追加送料をまとめて変更することが可能です。

　1ページで一度に10商品の変更が可能で、複数の商品の配送方法や備考などを入力した後、画面下部にある「一括で更新する」ボタンを押して更新します。

　以前に登録した配送方法の削除も、ここからまとめて行うことができます。

　各配送方法の右端にある「削除」のチェックボックスにチェックを入れ、「一括で更新する」ボタンを押して更新します。

　こちらも今のところ、パソコンサイトからのみ変更が可能な仕様になっています。

フォローやお気に入りされた商品をチェックしよう

フォローやお気に入りを分析して次につなげよう

 お気に入りやフォローの数で満足しない

　出品すると一仕事終わった気持ちになり、あとは売れるのを待つだけ……とお思いの方も多いかもしれませんが、実際は出品していきなり売れるというのはレアケースで、多くの場合は最初の商品が売れるまで時間がかかります。

　しかし登録数が増えていくと、次第にお気に入り登録やフォローをしてくれる方が現れます。お気に入りやフォローの数が増えると「売れるかも」と思ってしまいますよね。

　しかし実際は、お気に入りやフォローが多いからといって、すぐに売上にはなりません。「かわいい・ステキ」だと思う気持ちと、「買いたい」という意思は必ずしも直結しているわけではないからです。

 お気に入りやフォローを分析し売上に繋げる策を考える

　売上に直結はしないものの、お気に入りやフォローは「気になっている」という意思表示であることは間違いありません。つまり「売れる見込みのある商品」だといえるでしょう。

　だからこそお気に入り登録の多い商品の特徴を調べて、売れているライバル商品と比べ、どのような違いがあるのかを考えて対策していくことが大切です。

　フォローに関しても、どんな方からフォローされていて、その方たちにはどのような特徴があるのかを調べ、喜んでもらえるような表現やアプローチ方法を考えて商品紹介文や商品タイトルをブラッシュアップしていきます。

　商品を継続的に販売していくには、出品して終わりではなく、出品後のフィードバック（反応・意見・評価）に注目し、売れるための策を考えることが非常に重要です。

質問にきちんと素早く答えることが選ばれた一点になる

質問に回答しよう

 プッシュ通知やメール通知で質問を素早くキャッチ

　ユーザーは、商品購入前に作家に質問することができます。パソコンページの場合、商品ページの右側の「商品について質問する」、アプリは「質問する」ボタンから進みます。

　自分の商品に質問が来た場合、プッシュ通知やメール通知を設定していればすぐにminneから連絡が来るので、いち早くキャッチすることができて便利です。

　質問が来るということは、購入を検討されているので、早く的確に回答するよう心がけましょう。タイムラグがないのが一番ですが、当日中の回答が望ましいと思います。数日間なんのレスポンスもない状態だと、欲しいという気持ちがしぼんでしまいます。

 過度な売り込みやオーダーへの対応は逆効果

　せっかく質問してくれたのだからなんとしても購入に繋げたいと思うあまり、ついつい質問されていないことまで長々と返信してしまう方がいます。

　しかし、買おうか迷っている状態でグイグイと売り込みをかけられた場合、気持ちが冷めてしまうことも多いのです。

　お客様を逃してはならないという必要以上の売り込みは逆効果になるので、質問されたことに対し丁寧に回答する程度にとどめておきましょう。

　また、オーダーなどの相談で、明らかに無理だと感じているものを売上が欲しい一心で受けてしまうと、最終的に自分の首を絞めてしまうことにもなりかねません。自分にとって長く続けられる無理のない範囲でのサービスをあらかじめ設定しておき、その範囲を超える相談に関してはお断りするという基準を決めることも大切です。

Column

商品を売るためには苦手なことと向き合う勇気を持とう

　minne で販売したいと思っているけれど、写真を撮るのが苦手だとか、長い文章を考えるのが苦手だからという理由で、登録だけしている人も多いです。

　しかし、minne で商品を売りたいのなら、苦手な部分をどのように補って行くのか策を考えて行動するようにしていくことがとても大切です。

　インターネットでの売買では実際に商品を手に取れないため、写真によって売れ行きが大きく左右されます。

　第4章で買いたくなる写真を撮るテクニックについて触れましたが、ハンドメイド商品を売るためにはプロのように美しく繊細な写真が必要なわけではありません。しかし写真が暗すぎたり、細部がわからなかったり、加工のし過ぎで実物と色や形が違い過ぎる場合は、どんなに商品が素晴らしくても、文章が素晴らしくても売上には結びつきづらいです。

　苦手なことは普通くらいのレベルでできるように、基本に忠実にアレンジを加えず取り組むことをお勧めします。また、どうしてもできないことは得意な人にやってもらうというのもお勧めです。

　たとえば、写真が苦手なのであれば趣味で写真を撮っている人にお願いして代表的な商品の撮影をしてもらったり、商品をきれいにみせるための撮影のテクニックを教えてもらうなど、得意な人にアルバイトをしてもらうというのも一つの解決策です。

　行動しない理由を探せばいくらでも出てくるものです。また、苦手なことが自然と解消される確率は極めて低いです。だからこそ、苦手を普通に変えたり代替策を考えて実行することが、売上を上げるために何より重要だということを意識してくださいね。

chapter 7

商品を発送しよう

レビューをもらうところまで気を抜かない
商品が売れてから発送までの流れ

 ### 注文のお知らせが来たら決済完了を待とう

　商品に注文が入ると、プッシュ通知・メール通知をしている場合はお知らせが届きます。また、会員ページの「売れたもの」のところに印がつくので、クリックして内容を確認してください。売れた時点では、作家とお客様の個人情報は公開されておらず、決済後に確認できるような仕組みになっています。

　お客様は商品を注文すると、minneを通じて決済を行います。決済方法は銀行振込・ゆうちょ振替・クレジットカード決済（VISA・Mastar）・コンビニ支払い（ファミリーマート・ミニストップ・サークルKサンクス・ローソン・セイコーマート）からお客様が任意の方法で決済します。決済まで最大で10日間程度かかります。

　クレジットカードの場合は注文と同時に決済となるので、すぐに発送準備をしてください。

 ### 速やかな発送は好意的なレビューに繋がりやすい

　お客様の決済が完了すると、作家に決済完了と発送指示のお知らせが届きます。できるだけ速やかに発送しましょう。目安は決済完了のお知らせから3日以内です。

　決済完了のお知らせが来た後に「売れたもの」から「注文の詳細」に進むと、お客様の情報を閲覧することができるので、住所を確認して発送します。

　発送が完了したら、「注文の詳細」にある「発送完了メールを送信」ボタンを押して終了です。

　発送自体は決済終了後になりますが、注文が入った時点で速やかに発送できるように準備しておくことをおすすめします。特に最初の頃は注文件数も少ないため、お客様から「発送が早かった」などと好印象なレビューをいただけると出品者として信頼度がアップします。

うまく使えばリスクも回避できる

メッセージでのやり取りをしよう

 注文が来たらメッセージでやり取りをしよう

　注文から発送に至るまでにメッセージでのやり取りは必須ではありませんが、メッセージでのやり取りをしておくことをおすすめします。

　必ずしもお客様から返信があるわけではありませんが、簡単な挨拶や状況報告（発送日の連絡など）は、喜ばれることはあってもお客様の負担になることはないので、習慣化しておくとよいでしょう。ちなみに、お客様が決済をされる前は、本名などはわからない状態です。

　内容に関しては、奇をてらわずシンプルなもので構いません。次ページからのメッセージ例を参考にして、テンプレートを作ってみましょう。お客様から返信がきた際には、テンプレートではなく内容に応じた丁寧な返信に切り替えます。

 メッセージのやり取りでキャンセル防止効果あり

　メッセージのやり取りはお客様に好印象を持っていただくだけでなく、キャンセル防止効果もあります。実は、minneは約10日間決済をしない場合は自動的に注文がキャンセルとなってしまう仕組みで、現在のところキャンセルに対してのペナルティはありません。そのため、注文した時は欲しいと思ったけれど、時間がたつと気持ちが冷めてしまう…という、結果として無断キャンセルになるケースもあるようです。

　そのようなロスを少しでも減らすための自衛策として、お客様とやり取りをすることで「キャンセルしづらい雰囲気」を演出することも重要です。

　一定数のキャンセルリスクを念頭に置いた上で、自衛できる部分はしっかりと行っていくことが大切です。

進捗状況報告でコミュニケーションを図る

**ライトな
コミュニケーションで
リスクも回避**

minneでは約10日入金がないと自動で取引がキャンセルになってしまいます。
お客様の払い忘れを防止するためにも、メッセージでコミュニケーションを取ることが、自衛策につながりますので是非実践してください。

メッセージで丁寧にやり取りすると、レビューのおねだりの成功確率もUPします！

メッセージの基本は4ステップ

STEP 1 購入に対するお礼とお手元に届くまでの大まかなスケジュール

STEP 2 決済に対するお礼と発送予定日のご連絡

STEP 3 発送完了のお知らせと到着後のレビューのお願い

STEP 4 レビューのお礼

メッセージテンプレート（ひな形）を作ろう

○○ 様

こんにちは。キャラキターです。
この度はお買い上げ頂きありがとうございます。
お取引終了までどうぞよろしくお願いします。
商品は決済完了後3日以内に発送させていただきます。
何かご質問がありましたら、お気軽にお問合せ下さい。
それでは、どうぞよろしくお願いします。
キャラキター

○○ 様

こんにちは。キャラキターです。
決済頂きありがとうございます。
商品は○日発送予定となります。
発送が完了いたしましたら、メッセージにてご連絡させていただきます。
キャラキター

○○ 様

こんにちは。キャラキターです。
本日発送が完了いたしました。
概ね○日前後でお手元に届くかと思います。商品が到着いたしましたらレビューにてご報告頂けると大変嬉しいです。
この度は気持ちの良いお取引をありがとうございました。
キャラキター

○○ 様

こんにちは。キャラキターです。
商品のレビューありがとうございました。
○○様に商品を気に入って頂けて、とてもうれしいです。
今後ともどうぞよろしくお願いします。
キャラキター

ネットとリアルのダブルメッセージで信頼度アップ

テディベア作家 /
アクセサリー・造形作家
西洋幻想歴史館
Silver Raven Crafts さん
https://minne.com/silverraven/profile

ポイント

私は自動送信の発送完了メール以外にもお客様にメッセージをお送りすること（購入のお礼、発送予定、完了連絡など）と、手書きのカードを商品に同封しています。以来お取引後のレビューの数がぐんと増え、お礼のメッセージもたくさんいただくようになりました。

chapter 7　商品を発送しよう

クレームのメッセージで気づかされた人と人とのやり取り

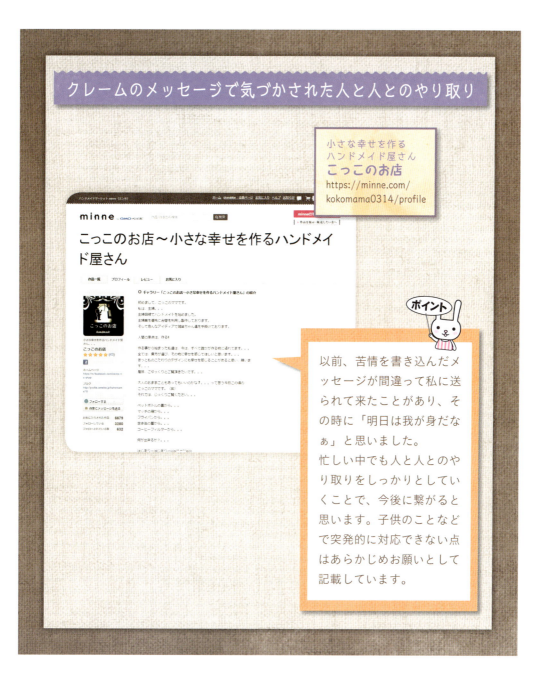

小さな幸せを作る
ハンドメイド屋さん
こっこのお店
https://minne.com/
kokomama0314/profile

ポイント

以前、苦情を書き込んだメッセージが間違って私に送られて来たことがあり、その時に「明日は我が身だなぁ」と思いました。
忙しい中でも人と人とのやり取りをしっかりとしていくことで、今後に繋がると思います。子供のことなどで突発的に対応できない点はあらかじめお願いとして記載しています。

梱包は丈夫に＆美しく

梱包して発送しよう

 どんな発送方法でも無事に届けられるよう工夫する

　お客様に商品を無事にお届けするために梱包はとても重要です。基本的には紛失・破損の補償がある宅配便を利用するのが望ましいのですが、小物類の場合は送料を抑えるために補償のない発送方法を希望されるお客様が大多数だと思います。

　補償のない発送方法の場合、万一の時はどのように対処するかは事前にお客様にお知らせしておきましょう。多くの場合、作家側は補償しない旨を記載していると思います。しかし、いくらお客様が納得して補償なしの発送方法を選んだとしても、壊れたものが届いたり紛失してしまうと作家に対し良い感情を持ちません。

　そのため、商品に合った破損しにくい梱包方法を考えたり、雨や雪で商品が濡れてしまわないような対策をするなど、作家側の心遣いと工夫が必要です。

 過度なラッピングにご用心

　具体的な対策としては、緩衝材でしっかりとガードしたり、箱などを使って中の商品が動かないように固定して梱包することが挙げられます。また、配送業者や郵便局員は中身がわからないため、封筒に入れた商品はポストに押し込まれることなども想定されるので、アクセサリーなどの発送は注意が必要です。

　また、送る前はステキにラッピングされた梱包でも、お客様に届いた時にはリボンははずれ、包装紙が破れている状態ではせっかくの心遣いも台無しです。

　商品に破損や汚れのない状態で届けられることが優先で、なおかつ届いた時に商品が引き立つような梱包材・ラッピング資材を選んで発送することをおすすめします。

郵便事故のリスクを減らすための準備をしよう

たとえお客様が自分の意志で補償のない発送方法を選んだとしても、商品が届かなければ作家に対する不信感は芽生えてしまいます。事故の確率を減らすために、事前準備をしておきましょう。

ポイント

住所は正確に！
枝番やマンション名
部屋番号表記など
省略がないか確認する。

多少ダサくても住所は
大きめに表記しよう。
雨や雪などで住所が
にじまないように工夫する。
読みやすく丁寧に。

万一遅配などが起き
た際に問い合わせし
やすいように特徴の
あるシールなどを貼
って目立たせる。

主な発送方法の特徴と違いをチェックしよう①

定型外郵便

サイズと重量

4kg 以内

長辺＋短辺＋厚さ＝
90cm 以内

長辺の長さ 60cm 以内
最小サイズ　円筒状や似た形
14cm×3cm 以上
それ以外　14cm×9cm 以上

料金

重さ	送料	重さ	送料
50g 以内	120 円	500g 以内	400 円
100g 以内	140 円	1kg 以内	600 円
150g 以内	205 円	2kg 以内	870 円
250g 以内	250 円	4kg 以内	1,180 円

特記事項

- 補償なし
- 追跡なし
- 重さで料金が決定
- 郵便局・ポスト投函

クリックポスト

サイズと重量

1kg 以内

長辺 34cm・短辺 25cm・
厚さ 3cm 以内

料金

全国一律
164 円

特記事項

- 補償なし
- 追跡あり
- Yahoo ウォレットで決済
- 専用ラベルが必要
- 郵便局・ポスト投函

Column
商品名は最初の 10 文字が大切です

　商品名は、お客様に商品の良さを伝えるために、最初の 10 文字にわかりやすい言葉を使いましょう。

　私は布小物の制作キットや作り方などを売っているのですが、「作り方」や「キット」と商品名の前につけたことでお客様もわかりやすくなり、売上が上がりました。

　お客様は「作り方」を探しているのに、写真を見てクリックするたび「キット」だった場合、探すことがイヤになって、買うことをあきらめてしまいます。

　最近はスマートフォンで商品を探す人が増えているのですが、商品の写真の下に入っている文字数は 10 文字までで、それ以降は「...」と省略されます。

　また、パソコンでの商品名はその商品によって文字数がまちまちですが、もっと少ないものもあります。そのため、写真の下に書いてある文字を見ても、デザインはステキなんだけど、どんな商品なのか、わからないことがあります。たとえば、ピアスかイヤリングかなどです。

　もちろん、その商品をクリックしていただければ、商品名も内容もわかるのですが、それにはまず、クリックしてもらわなくてはいけません。

　また、検索に引っかかりやすいキーワードと言われる SEO 対策のためにも、お客様が探していると思われるキーワードを商品名の前にすることで、検索画面でも表示されやすくなります。

　たとえば、「イヤリング　ネコ」と、Yahoo! や Google で検索すると minne の商品の中から「ネコのイヤリング」が選ばれて表示されます。お客様がほしい商品を探しやすいように商品名に工夫をしましょう。

chapter 8

売れっ子作家さんが実践している７つのこと

価格競争に巻き込まれない最大の自衛策
ターゲットのお客様に合わせたブランディング

 ブランディングとは差別化する方法のこと

　ブランディングとは、ブランドが独自に差別化していることに対し、お客様に共感や信頼をしてもらうための販売戦略のひとつです。

　たとえば、スマートフォンと聞いてアップル社のiPhoneを思い浮かべる方も多いと思います。そして、多少高くてもiPhoneが欲しいという方や、スマートフォンに限らず「アップル社の製品しか使わない」という強力なファンの方もいます。

　これはアップル社が好きなお客様の心の中に、他社製品との明確な違いが存在しているからです。ファンのお客様にとっては細かな機能や多少の価格差よりも「アップル社の製品である」というブランド価値のほうが勝っているのです。

 ブランディングは「誰に」「どう思われたいか」を明確にする

　ブランディングをする時に大切なのは、誰にどう思われたいかを明確にし、そのイメージがお客様の商品を購入したいという気持ちに直結しているかどうかです。

　売れない作家さんにありがちなのが「購入してくれるのであれば誰でもいい」という考え方です。実際に購入してくれるのはターゲット以外の方でも嬉しいと思いますが、年代・性別・趣味嗜好にはそれぞれ傾向があるため、実は万人に受ける商品ほどファンがつきにくく、購入に至らないケースが多いのです。

　ターゲットのお客様を決めて、自分の商品をどう思われたいかを明確にすることで、好みに合う商品や情報発信をしていくことできるようになります。その結果、価格や多少の機能差ではなく、「あなただから」という理由でお客様が購入してくれるようになるのです。

検索にたよらずに成果を出すには
ネーミングやシリーズ化でファンを魅了する

 ファンが増えれば世界観たっぷりのネーミングで勝負できる

　第5章で、欲しくなるタイトルや文章は抽象的な表現では検索されにくいので避けましょうとお伝えしました。しかし、売れっ子作家さんは検索で引っかかりやすい名前ばかりをネーミングとして採用しているわけではありません。

　ファンができるまでの間はあなたの商品を好む人たちの検索に表示されるような工夫も必要ですが、ある程度ファンがつき商品が売れるようになってくれば、多少検索されにくい抽象的なキーワードで表現することも可能です。ネーミングの世界観が購入のきっかけになることも充分にあり得ます。大切なのは、探しやすさと世界観のバランスを考えてネーミングをつけることです。

 ファンに「集めたくなる」と思わせる仕掛けを作る

　こだわりのアイテムが好きなお客様の中には「集めるのが好き」という方も多いです。そんなお客様に向けて商品をシリーズ化し、統一したネーミングをつけて販売すると、お客様の「集めたい」という気持ちが高まりリピートに繋がりやすくなり、ファンになっていきます。

　そして、ファンになったお客様は、検索で商品にたどり着くのではなく、あなたの商品にダイレクトにアクセスしてくれます。

　さらに、新しい商品や品切れの商品の入荷を心待ちにしてくれるようになります。そうなっていけば、検索で来る新規のお客様をそれほど意識したタイトルやネーミングにしなくても、商品はきちんと売れていくようになります。

ファンの濃いレビューがまたファンを呼ぶ

絶賛レビューのオンパレード！
商品満足度の高い

**クマとネコ 時々, ひつじさん
のこだわり**

- 読んだだけでデザインや形がイメージできる
- 検索に引っかかりやすい

わかりやすく探しやすい

商品をシリーズ化しデザインに統一感

サイズ・素材などの情報が網羅されている

商品のこだわりを文章・写真両面で表現

クマとネコ 時々, ひつじ 商品ページ
https://minne.com/items/2386817

積極的な情報発信でファン作り
ブログ・SNS と連携してファンを作る

 SNS を利用してリアル接客に近い状態を演出できる

　商品を継続的に売り続けるためには、minne での商品登録だけでなくブログや SNS などのツールを使って、商品に興味がある方に積極的にアピールしていくことが重要です。

　Facebook や Twitter、Instagram などに代表される SNS は、タイムラインと呼ばれる情報を時系列で並べて表示する機能があるので、ライブ感が演出しやすいのが特徴です。

　たとえば「今出品しました！」と発信することで、新しい商品が並んだというフレッシュ感をリアルタイムに伝えることができます。

　また、お客様とのやり取りもしやすいため、購入したことを伝えてくれたお客様に対してすぐにお礼がいえるなどの「リアル接客」に近い状態を演出することも可能で、そのやり取りがきっかけでお客様がファン化することも多いようです。

 商品の良さやこだわりをじっくり伝えられるブログ

　ブログは多くの情報量を伝えることができるため、商品の良さやこだわりを伝えるのに最適なツールです。製作風景、使用している材料のこと、こだわりの理由など、商品そのものの魅力だけでなく、様々な情報をお客様に伝えることができます。

　SNS のようなライブ感はありませんが、丁寧にこだわりを説明した記事は何度も使用することができるので、POP やカタログのような役割を果たしてくれます。

　また、minne での販売以外にどんな活動をしているのか、普段はどんなライフスタイルを送っているのかなども伝えることができ、商品の魅力にプラスして親近感がわいてくることも多く、購入の決め手になることもあります。

Twitter と連動した販促活動

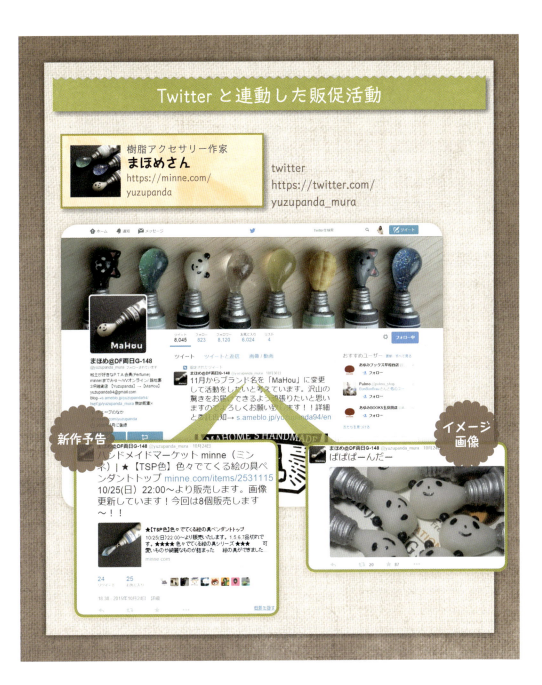

「売れる商品」のことはminneに聞こう
ニーズ調査とライバル分析

 ニーズ調査はキーワード検索の繰り返し

　商品を売るためには「欲しい」という人がいなければ成立しないので、まずは自分の作っている商品のニーズがあるかをチェックしましょう。

　売りたい商品に関連すると思われるキーワードで検索をかけていきます。たとえば「リボン・イヤリング・ピンク」だったり「リボン・ピアス・桃色」など、関連している複数のキーワードを入れてみて、似たような商品の登録がどのくらいあるのか、価格帯はどのくらいなのかを確認します。

　また、キーワードで見つかった出品している人のレビューの中から、過去にその商品が売れた実績があるかどうかもチェックしておくとよいでしょう。

　もしこのキーワード検索で似たような商品が出てこない場合は、キーワードと商品がマッチしていない、もしくはニーズが少ないと予想されます。

 ライバル分析の要はレビューチェック！

　売りたい商品と似たジャンル・価格で販売している売れっ子作家さんを見つけたら、その方の商品概要や商品のラインナップなどを確認してみましょう。

　また、レビューも忘れずにチェックしてください。特に注目してほしいのは星の数ではなく寄せられているレビューの内容です。

　どんなところが気に入って購入したのか、実際に購入してどうだったのか、どんなところが不満だったなど、レビューは購入した方の意見が詰まったとても貴重なデータです。

　ライバルのレビューから、自分の参考になるデータを探してみましょう。

ニーズ調査でお宝キーワードリストを作ろう

❶ ライバルが使っている キーワードをピックアップ

自分の商品と同ジャンルの人気作家さんが使っているキーワードをチェックし、自分の商品と近いキーワードを抽出しリスト化する。

❷ ❶のキーワードに関連する キーワードを探す

❶で抽出したキーワードから連想されるキーワードを探していく。連想ゲームのように、とにかくたくさんのキーワードを連想しリスト化する。

❸ ❶と❷から自分の キーワードグループを作る

❶と❷の中から、自分の商品のイメージに近いキーワードのみを厳選してグループ化する。野球でいうところの、ベンチ入り・一軍・二軍のイメージ。

リピーター作りの強力なテクニック
リピーター向けのえこひいきサービスを活用

お金では買えないえこひいきサービスを活用しよう

　ハンドメイドに限らず、商売の基本はリピーターを増やしてお客様をファンに育てることに尽きます。売れっ子作家さんでリピーターやファンがいない人はいません。

　大切なのは、お客様自身に「リピーターになりたい」と思ってもらうことです。そのために、リピーターにえこひいきサービスがあることをお知らせします。

　オマケとして商品をプラスするという方法はもちろんですが、それよりも特別なメールやお手紙、または新作が入荷した時に一番にお知らせしたり、取り置きなどの便宜を図るなど、お金で買えない価値のあるえこひいきは大変効果的です。

売れっ子作家は上位2割のリピーターが売上の8割を作っている

　マーケティング用語に「パレートの法則」という言葉があります。売上の上位2割のお客様が、売上全体の8割を作っているという法則です。つまり、売上を伸ばすためには、お客様全体に対し均一なサービスをするのではなく、いつも買ってくれる2割のリピーターさんの意見を取り入れ、えこひいきすることが重要なのです。

　たとえば、ひと月10万円の売上を20人のお客様で売り上げる作家さんがいたとします。1人あたりの購入額を平均にすると5000円ですが、実際は上位2割の4人のお客様が8万円を、残りの16人のお客様が2万円という構成比になります。

　つまり、月の売上はリピーターが2万円、それ以外の方が1250円で構成されるわけです。お客様の数が増えれば増えるほど、この法則の数値に近づいていきます。売れている作家さんほどリピーターの存在が重要だということです。

上位2割のお客様が8割の売上を支える法則

全体の8割の売上は上位2割の上得意客で構成されるという法則

パレートの法則

たとえば

売上50万円/月・客数50人だった場合

一人あたりの平均売上は
50万円 ÷ 50人 = 1万円

のはずですが、実際は…？

上得意客
50万円 ×8割 = 40万円
50人 ×2割 = 10人
40万円 ÷10人 = 1人 4万円

一般客
50万円 ×2割 = 10万円
50人 ×8割 = 40人
10万円 ÷40人 = 1人 2500円

1人あたりの売上で平均3万7500円の差！

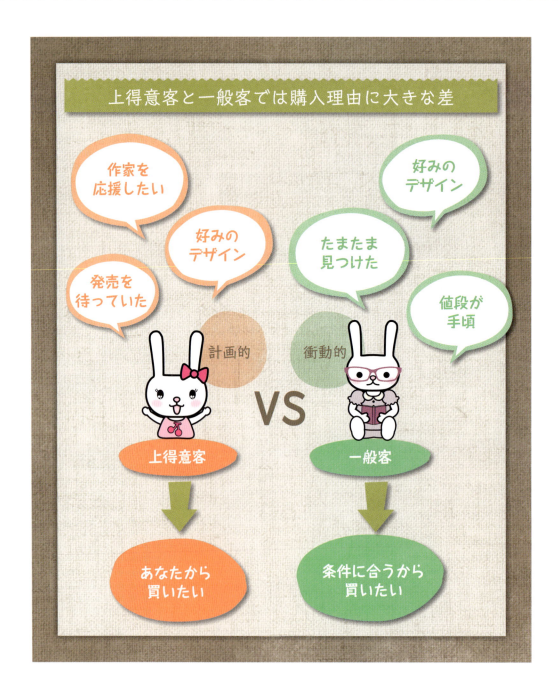

作家にとってうれしいのはどちら？

計画的　　衝動的

上得意客 VS **一般客**

新作情報をチェックし、事前に購入を検討している。

作家がおすすめの商品を購入したいと思っている。

たまたま開いたページで見つけたものを購入する。

気に入ったデザインは最安値のものを探す。

製作・販売が予測しやすい　　**製作・販売は運次第**

お客様にいつも「選ぶ楽しみ」を与えよう
販売商品数とメンテナンスの充実化

 登録商品数が多く選ぶ楽しさがあるギャラリーは魅力的

　売れっ子作家さんの特徴のひとつに、登録商品数が多いことが挙げられます。レビューが50以上あり、コンスタントに売れている作家さんの多くが、常に登録点数が30点以上あり、なかには100点を超える作家さんもいらっしゃいます。

　買う側にとってみれば、たくさんの商品から選びたいものです。また、気に入ったものに色違いや形違いなどがあれば、自分用とお友達用の2つをまとめて購入することもあるでしょうし、アクセサリーなど同じシリーズでバリエーションのあるものであれば、ピアスとネックレスをお揃いで購入するということもあります。

　写真を撮ったり説明文を書くのは手間のかかる作業ですが、継続的に売っていきたいのであればそうした手間を惜しまず、お客様が買いやすいようにバリエーションを増やすなどして、選びがいのあるギャラリーを目指しましょう。

 定期的に商品紹介や登録順などのメンテナンスを行いましょう

　同じ商品を販売していても、商品紹介の文章や写真は、定期的にメンテナンスしていきましょう。特に売上が振るわない商品に関しては、写真を変えたり文章をプラスすることで、お客様が新鮮に感じて購入に繋がることもあります。動きが悪い時などは積極的にメンテナンスしていきましょう。

　また、登録順なども入れ替えることができます。たとえば冬であれば、ふわふわ、もこもこしたものや、枯葉や雪をモチーフにした商品、ハロウィンやクリスマス、お正月などのイベントに対応した商品を、前のほうに配置するなどのメンテナンスが重要です。

レビュー数100以上の作家さんの共通点とは

登録商品数が多く たくさんの中から選べる

購入可能な状態の商品が平均で30点〜50点程度登録されており、たくさんの中から選んで購入することができる。

ひとつの商品をさまざまな形態で販売している

ネックレス単品・ネックレスとピアス・ネックレス・ピアス・ブローチのセットなど、ひとつの商品を色々な形態で購入できるようにしている。

商品ページのメンテナンスをこまめに行う

本文中に新着情報（再販商品など）を入れたり、画像の順番を入れ替えるなど、商品ページやギャラリーのメンテナンスを細かく行っている。

工夫とアイディアでお客様の期待度をアップする
自分らしさの伝わるラッピングを考える

 ラッピングは商品の魅力を引き立たせる重要なエッセンス

　雑貨店でお買い物をした時にラッピングがかわいいと、なんだか嬉しくなりますよね。同じようにハンドメイドの商品も、ひと手間かけてかわいくおめかししてあげることによって商品の魅力がグッと引き立ちます。

　ラッピングのヒントは身の回りにたくさんあります。どこかでお買い物した時にしてもらったラッピングを参考にしてみるのもいいと思います。パソコンでのデザインが得意な方は台紙や包装紙を自分で印刷してオリジナリティを出すもよし、商品製作過程で余ったリボンや毛糸、布や紙などを使ってラッピングするのも楽しいですね。

　ラッピングにかける時間や資材調達も経費にあたります。あまりお金や時間をかけずに自分のオリジナリティを表現できるデザインにするにはどうしたらいいか、考えてみてくださいね。

 発送することを考えた資材・包材選びを

　かわいくしたい、ステキにしたいというこだわりが先行して、商品を安全に届けるということが後回しになっては本末転倒です。あくまでも発送するということを念頭に置き、壊れにくいことを優先して考えましょう。

　発送方法によって厚みやグラム数が決められています。規定の範囲内で商品の魅力がアップするラッピングを考えることが、作家さんの腕の見せどころです。

　また、人気作家さんはどんなラッピングで送っているのかを知るためにも、お客様として実際に購入してみることもおすすめです。百聞は一見に如かず、の精神で試し買いしてみると思わぬいいアイディアと巡り合えるかもしれません。

ラッピングを決めるときに押さえておきたい3つのポイント

無料・有料ラッピングの差は明確につける

ラッピングは簡易なものでも、あったほうがお客様からよろこばれます。有料ラッピングの場合は、無料のものとどう違うのかを明確にしておくと良いでしょう。

商品の雰囲気に合ったラッピングを選ぶ

ナチュラル系の商品はクラフト紙に麻ひも、エレガント系の商品は高級感のあるギフトパックなど、商品の雰囲気に合わせたラッピング資材を選びましょう。

凝り過ぎて発送料金が超過するのはNG

補償のない発送方法の場合、厚みや重さの制限が細かく決まっているため、ラッピングに凝り過ぎて発送料金が超過しないように気をつけましょう。

Column
真の実力はピックアップ掲載後にあらわれる

　商品を minne で販売しようと思って登録したものの、なかなか売れなくて困っているという方も多いのではないでしょうか。

　心のどこかで「登録すれば売れる」と思ってしまっているかもしれませんが、minne はあくまでもマーケットプレイス、つまり市場です。商品をただ並べているだけではなかなか売れていきません。

　商品を売っていくためには、作家自身が自分の商品を欲しいと言ってくれる可能性のある人にアプローチしていくための工夫が必要です。

　minne でコンスタントに売れるようになったきっかけを作家さんたちに尋ねると、多くの方が「ピックアップで取り上げられたこと」を挙げます。では、ピックアップで取り上げられさえすれば、その後の商品は売れるようになるのでしょうか？

　私はピックアップはきっかけに過ぎないと考えています。

　ピックアップは minne のスタッフさんが、「これはかわいい・ステキ」だと思ったものをたくさんの商品の中から選び出してまとめたものです。そしてここに選ばれるのは運の要素も大きいと思います。

　しかしピックアップによる売上や注目は、一過性のものにすぎません。売れっ子になるためには、いつ来るかわからない多くの人に注目されるチャンスを逃さずキャッチし、商品に興味のある人にアピールする必要があります。

　そして、それがピックアップ終了後も継続して続いていくのならそれは運ではなく実力です。売れ続けるためには、いつ来るかわからないチャンスをしっかりとつかむための基礎がしっかりと備わっていることが大切なのです。

chapter 9
トラブルシューティング

誠意をもった対応がとにかく大事

売れた商品の在庫がなかった場合

 在庫がない状態で販売してしまった場合はまず謝ろう

　minneと並行してイベントや委託などで商品を販売していて商品を共有している場合は、概要のところに商品を共有販売している旨を明記しておきます。

　また在庫のない状態で注文が入ってしまった場合は、お客様にすぐにお詫びのメッセージを入れてください。その際に、商品が供給できるかどうか、できる場合は何日までに用意できるのかをしっかりと明記した上で、お客様に購入の意思を確認しましょう。材料調達の問題などで再販が難しい場合は、その旨の説明とお詫びをしてキャンセル処理します。キャンセルはminneのお問い合わせフォームから行ってください。

 代替案を提案をしてみよう

　真摯にお詫びした上で、もしも似たような商品が在庫にある場合は、ご案内してみるのもいいと思います。その際にご注文の品よりも少し値段が高いものであっても、お詫びもかねて同じ値段でお送りする提案をしてみるのもよいでしょう。

　注文したものと違うものでいいというお客様には、商品とともに直筆のお手紙でお詫びとお礼を伝えるのが効果的です。ミスをしてしまった時は、すぐに非を認めて素早く対応します。相手の寛大な計らいに心から感謝できる作家さんは、そのミスも信用・信頼に変えていくことができます。

　誰しも失敗はありますが、気まずさゆえに対応を先延ばしにしてしまうことがあります。しかし小さなミスであっても先延ばしにすることで、大きなクレームに繋がることがあることをしっかりと胸に刻み、失敗を繰り返さないようにしていきましょう。

トラブル対応はまず「誠意あるお詫び」が最優先

多くのトラブルはお詫び＋代替案で回避できる

ミスのない人間はいませんが、ミスの大小を決めるのはお客様です。万が一ミスが起きたら、何をおいても誠意あるお詫びをしてください。大きなトラブルに繋がるのは、お客様に対してのお詫びの仕方に問題があることが多いのです。

誠意あるお詫びって？

理由や事情はさておいて、お客様にとって不都合・不愉快なことが起きてしまったという事実に対し、誠心誠意申し訳ないという気持ちを表現する＝非を認めるということです。非を認める前に理由や事情を長々と説明すると、その内容にかかわらず「言い訳された」という印象が残りやすいので、注意が必要です。

在庫が無い状態で販売してしまった場合の対応策

❶ お客様に お詫びと事実の報告を行う

自分の在庫管理ミスで、お客様にご注文いただいた商品がすぐにご用意できないことをお詫びする。

❷ 対応策と代替案を 提示する

同じものが用意できるかどうか、できるのであればいつ用意できるのかを明確にお伝えする。できない場合は似たような商品の提案など代替案を提示する。

❸ 寛大な対応への お礼を伝える

お客様の寛大な対応に感謝し、お礼を伝える。取引続行の場合は、直筆のお手紙を添えたり、気持ち程度のおまけをつけて感謝を形で表現する。

対応次第でピンチがチャンスに変わることも

トラブル時の誠実な対応は印象に残る

トラブルが起きた時は誰でも憂鬱な気持ちになり対応が後手後手になりがちです。
だからこそ冷静になって誠実な対応をすることで、この人は信用できると思ってもらうことができ、信頼へと繋がっていくケースもあります。

できる範囲でお客様のご要望に応えよう

お客様からのお許しが頂けたら、いつまでも引きずらず気持ちを切り替えて対応しましょう。
どうしたら喜んでもらえるかを考え、心をこめたサービスをすることがとても重要です。

まずはお詫びといつ発送するかを伝えよう

発送が遅れてしまった場合

 気づいた時点ですぐに相手に連絡を入れる

　注文した商品が届くのをお客様は心待ちにしています。しかし、うっかり発送を忘れてしまうことや、レターパックや梱包資材などを切らしてしまい、発送の準備が遅れてしまうこともあると思います。

　そんな時はまず、お客様に連絡を入れて真摯にお詫びをしましょう。その際に、なぜ遅れたのか、いつ発送できるのかを端的に報告することが大事です。お客様も理由がわかればその不安な気持ちも軽減されます。

　どんな理由であれ、お客様にとって遅れたという事実は変わらないので、あまり長々と書く必要はありません。大切なのは遅れたことに対する誠意ある態度と状況報告だということを忘れないでください。

 お手紙や気持ち程度の粗品を添えて発送する

　多くのお客様は、商品の多少の遅れについてはきちんとお詫びを伝えると理解してくれると思いますが、もしも余裕があれば、短くてもいいので直筆のお手紙を添えて発送すると、お詫びの気持ちが伝わりやすいと思います。

　発送を忘れていたなどで大幅に遅れてしまった場合は、相手の負担にならないような粗品を一緒に発送することもおすすめです。

　約束よりも遅れてしまったことに対して、どう思うかは相手が決めることです。たとえ許してもらえず、レビューに怒りのメッセージを寄せられてしまったとしても、事実をしっかりと受け止めてください。大切なのは、起こしてしまったミスを繰り返さないことです。

お詫びの文章のここに気をつけよう

ですます調の丁寧な文章でお詫びする

「大変申し訳ありませんでした」「以後充分に気をつけます」などのわかりやすい丁寧な文章でお詫びの気持ちを伝えましょう。

極端にかしこまった言葉は使わない

「貴殿におかれましては」「痛恨の極み」などの極端にかしこまった言葉を使うことで、逆に謝罪の意が伝わらないこともありますので注意しましょう。

顔文字・絵文字は使わない

たとえ相手が怒っていなかったとしても、謝罪のときに顔文字、絵文字は不適切です。文章でお詫びの気持ちを表してください。

こちらに非はなくてもできる限り対応しよう

輸送事故で商品が破損・紛失した場合

 対応とスピードがその後に大きく影響する

　日常的に発送をしていると、ごくわずかな確率ではありますが、一定数の紛失・破損の郵便事故は起こります。宅配便などの事故補償がついているものは、宅配業者や郵便局が一定の金額まで補償をしてくれますが、そのための調査などに時間がかかるので、その旨をお客様に連絡してできるだけ早く対応していきましょう。

　補償のない発送方法での破損・紛失の場合は、多くの方が購入者様責任を了承した上での利用だと思うので、作家側に非はありません。

　しかし、お客様はたとえ自分が補償なしを選択したとしても、商品が届かなかったという事実に対し肯定的に考える方は少ないです。

　お客様が選んだことなので、こちらに非はありませんというような態度をとってしまうと、お客様も感情的になってしまいます。対応には充分に気をつけましょう。

 いざという時のために補償分の積み立てを！

　補償の有無にかかわらず、事故が起きた場合の対応は事前に決めておきます。一例を挙げると、補償のない発送方法で事故に遭った場合は、同等のものを一度だけ再送すると決めて、すべての取引に補償分として数十円の利益を上乗せした価格を設定するのもよいと思います。

　事故の確率はそう多いものではありません。しかし、雨や雪などにより袋が濡れてしまったせいで汚れて届いたなど、クレームを寄せられることも充分に考えられます。

　そんな場合も補償できる体制が整っていれば、そこから信用・信頼に繋がり、結果として再度注文をいただきファンになってもらえることもあります。

万が一のときも備えあれば憂いなし！

ちりも積もれば山となり補償もできる

商品破損・紛失などのときのために一つの商品につき数十円積み立てることで、もしもの時に使えるお金を捻出できます。
たくさん取引をしていると、リスクはつきものです。万一の時に備えてコツコツ貯めるのもおすすめです。

輸送事故はお客様のせいではない

補償のない発送方法での輸送事故は、お客様がお選びいただいたものではありますが、お客様のせいではありません。
作家が補償をしないまでも、お客様に対しできることは協力することで、次につなげていきましょう。

理不尽なクレームで返金を求められた場合
ルールを決めて速やかに対応

 ### 理不尽なクレームの基準と対策パターンを決めておく

　インターネットを介しての売買は写真と文章で購入を決めるため、時にはお客様が思っていたイメージと大きくかけ離れてしまい、「返品したい」との申し出も一定数あります。

　一言で「理不尽なクレーム」といっても、人それぞれ基準は違います。そのため、あなたにとっての理不尽なクレームは具体的にどのようなことなのかを明確にした上で、準備し対応していくことが大切です。

　なかでも多いのが色に関するクレームです。色の見え方は、端末（携帯電話・パソコンなど）の種類や性能によって大きく異なるからです。他にも、素材感や大きさ・形に関するイメージの違いなども多いようです。ネット販売は手に取って確認できないため、商品について詳しく記載していても起きてしまうことがあります。

 ### 返金するケース、しないケースを明確にしておく

　クレームの処理はとても労力がかかるものなので、速やかに処理してしまったほうが得策です。よほどの大きな金額でない限り、返金してほしいといわれた場合は、内容にかかわらず返金してしまうというのも賢い解決方法だと思います。

　返金したくない場合は、返金に応じることができない明確な理由を挙げ、納得してもらえるように説明します。たとえレビューに悪い評価をつけられたとしても、その他の取引で誠意ある対応をしていれば、あなた自身の評価が下がることはありません。

　minne の場合、特定のお客様への販売拒否はできないシステムのため、度重なる悪質クレームの場合はお問い合わせから個別に minne 側に問い合わせてみましょう。

理不尽なクレームの対処はあらかじめ決めておく

悪いレビューはよいレビューでカバーできる

理不尽なクレームで悪いレビューがついたとしても、誠実な対応をしていればよいレビューがつき、カバーすることができます。
あきらかに言いがかりのクレームの際には、毅然とした態度をとることも大切です。

よくあるクレーム例

- ●商品の破損
- ●イメージ違い（色の違いや素材感の違い）
- ●ペットの毛・髪の毛
- ●汚れ
- ●縫製などの技術
- ●におい

著作権の侵害は犯罪です
著作権侵害で告発された場合

 心当たりがある場合は速やかに販売を中止する

第1章でも触れましたが、minneには出品できない商品があります。

なかでも特許権、実用新案権、意匠権、商標権、著作権、肖像権等第三者の知的財産権を侵害する商品に関しては、minneのみならず厳しく取り締まられています。もし万が一、自分が著作権侵害で告発された場合は速やかに販売を中止しましょう。

著作権は私的利用のための複製は許されていますが、販売に関しては程度にかかわらず認められていません。作家さんのステキな商品を真似て作ったものを自分で使うのは問題ないのですが、それを販売することは著作権侵害に当たります。

意図せずたまたま似てしまう場合もありますが、他の商品を見れば日常的に他人の商品の複製をしているかはすぐにわかるので、心当たりがある場合はすぐにやめましょう。

 権利関係のプロフェッショナル「弁理士」に相談しよう

ほとんどの場合は商品の取り下げや謝罪文などで解決すると思いますが、まれにこじれてしまい大きな問題になってしまうこともあるかもしれません。そんな時は専門家に相談するとよいでしょう。

実は知的財産権にまつわる法律のプロ、弁理士という職業があります。

弁理士は、特許出願はもちろんですが、知的財産権に関する仲裁事件の手続についての代理業務なども行ってくれます。

日本弁理士会では特許・意匠・商標なんでも110番という無料特許相談などの窓口も開設しています。

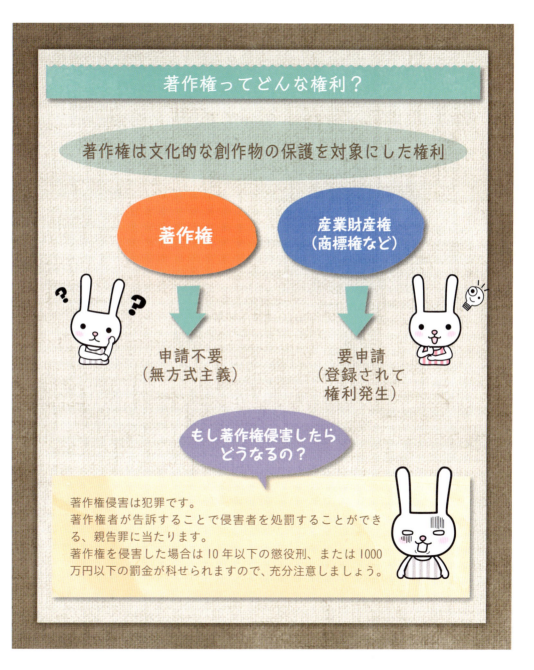

証明するのは難しい。過敏になりすぎないように

商品が転売・模倣された場合

 転売や模倣は自衛策を取ることで対策しよう

　自分のハンドメイド商品を転売されたくないという方もいらっしゃると思いますが、実はハンドメイド品などの物品の転売について明確な取り締まりなどはありません。

　しかし転売してほしくないと思うのであれば自衛策として、商品紹介欄に転売お断りと一筆添えておくとよいでしょう。

　模倣に関しても同じように、一筆添えるとよいでしょう。しかし、何から何までサイズも色も全部一緒というコピーに近い状態であれば何かしらの対策を取ることができますが、少し似ているという程度であれば人によっては模倣と感じない場合も多々あります。同じ種類の商品を製作していると意図せずとも似てしまうこともあります。目に余る人に対しては警告文を出すこともできますが、あまり過敏になりすぎないようにしましょう。

 真似される＝良いものだと認められているという意識を持とう

　自分が苦労して考えた製作物と似ているものを見つけると、あまり良い気持ちにはならないと思います。時にはブログやSNSなどのメディアに感情的な文章を書いてしまうこともあるかもしれません。しかし、新しいアイディアというのは既存のアイディア同士の掛け合わせであり、偶然似てしまうこともあるのです。デザインは真似できても、生み出したパワーというのは、真似ることができません。それほどに新しいものを作るのは大変な労力が必要なのです。

　また、意図的に真似をする人は、その他の商品も他人の真似をしている可能性が高く、人気が出た時に指摘され、活動ができなくなることもあります。真似されるというのは高い評価を得ていることの裏返しであると考え、活動していきましょう。

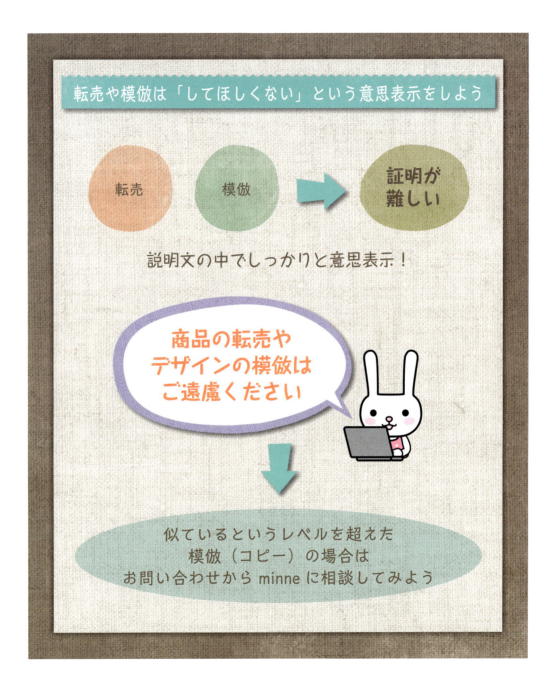

おわりに

最後までお読みいただきありがとうございます。

2015年7月末に発売された私の処女作「売れっ子ハンドメイド作家になる本」がみなさんのおかげで発売から2か月で第6刷を達成したことで、実は発売後すぐに2冊目の企画を打診されていました。

その時に真っ先に書きたいと思ったのが、今回のminneについての本でした。2014年の12月に1冊目の企画が通り、これから初めての執筆に入るというときに入ってきた（株）GMOペパボのminneへの積極投資の話題は衝撃的で、まだ1冊目を書き始めていないうちからずうずうしくも「minneの本も書きたいな」と思っていたのです。

だから2冊目の企画をたずねられた時に、考えることなくminneで、と即答してしまいました。ただ、その時ははじめての出版と販促プロモーションで心身共に興奮状態でしたから、まさかこんなにすぐ2冊目を書くことになるなんて思いもしませんでした。

大きな誤算だったのは執筆期間が1冊目のときの3分の1だったこと。戸惑う私に出版プロデューサーの山田稔さんは「書ける、大丈夫」と言ってニッコリ。大丈夫だと言われたからにはやるしかありません。怒涛の日々を過ごすこととなりました。

とはいえ、自分自身もminneを知りたいと思っていたことが功を奏して、楽しく執筆することができました。特に今回は、主宰する仕事塾メンバーやうちのスタッフも本作りに関わったり、Facebookでminneのファングループを作ってみなさんに協力していただけたので、タイトなスケジュールの中、やり遂げることができました。

中でもコラム3本を担当した、洋裁コンサルタントの丹羽尚美さんは、はじめての執筆に戸惑いながらも、何度も書き直して頑張ってくれました。

みなさんのおかげで、充実した内容の1冊になりました。本当にありがとうございます。

2016年もminneをはじめハンドメイドの売買需要は確実に伸びていくと思います。しかしマーケットとして成熟すればするほど、格差が広がるのも事実です。ただ、学歴も経験も関係ない、技術と知識と行動力で勝負できるハンドメイドのマーケットは、真剣に取り組めば取り組むほど誰にでもチャンスのある市場だと私は思います。

ただ、商品を登録するだけでは売れません。それはminneに限らずどのサイトに登録しても同じです。最も大切なのは、決められた条件の中でいかに自分が工夫し、お客様に喜んでいただけるか、商品販売を仕事として継続できるかを考えることです。これが本書を通じて私が一番伝えたかったことです。

最後になりましたが、今回も編集はソシムの三浦聡さん、デザインは宮下晴樹さんに担当していただきました。こうしてまたお仕事をご一緒させていただけるのは何よりうれしいです。

かわいくわかりやすい本に仕上げていただき、ありがとうございました。

そして、私に執筆のチャンスを与えてくれたケイズプロダクションの山田稔さん。今回も厳しい中に愛ある指導で私を勇気づけてくれました。執筆だけでなく、折にふれて著者としての在り方を教えていただけることは、私にとって大きな財産です。

本は多くの人が関わり合うことで作られ、販売され、みなさんのお手元に届きます。今回もたくさんの方々の協力を経て無事発売することができました。この本を手にしてくださったみなさま、本当にありがとうございました。そしてみなさんのステキな商品がminneを通じてたくさんのお客様の元へ届くことを、心から願っています。

2015年12月吉日

キャラキター　たかはしあや

たかはし あや

北海道札幌市出身
ハンドメイド起業コンサルタント。雑貨店キャラクター主宰。広告代理店や大手製薬メーカーの営業アシスタントなどを経て独立。路面店、百貨店、ファッションビルなどで雑貨店・UVレジン教室運営を約5年半経験。現在は店舗・教室運営の経験を活かし、札幌・東京を中心にハンドメイド商品やサービスの販売指導としてセミナーやコンサルティング活動を積極的に行う。著書には「売れっ子ハンドメイド作家になる本」（ソシム社）がある。
公式サイト　http://takahashiaya.com

カバー	funfun design（井上綾乃）
DTP・本文デザイン	有限会社ケイズプロダクション
編集	有限会社ケイズプロダクション
写真	吉川礼子
イラスト	コニシリツコ　伊藤舞衣子
取材協力	丹羽尚美　小林真由美

●本書の一部または全部について、個人で使用するほかは、著作権上、著者およびソシム株式会社の承諾を得ずに無断で複写／複製することは禁じられております。
●本書の内容の運用によって、いかなる障害が生じても、ソシム株式会社、著者のいずれも責任を負いかねますのであらかじめご了承ください。
●本書の内容に関して、ご質問やご意見などがございましたら、下記までFAXにてご連絡ください。なお、電話によるお問い合わせ、本書の内容を超えたご質問には応じられませんのでご了承ください。

minneで売れっ子ハンドメイド作家になる本

2016年1月12日　初版第1刷発行
2016年1月25日　初版第2刷発行

著　者	たかはし あや
発行人	片柳 秀夫
編集人	佐藤 英一
発　行	ソシム株式会社
	http://www.socym.co.jp/
	〒101-0064　東京都千代田区猿楽町1- 5 -15 猿楽町SSビル
	TEL：(03)5217-2400（代表）
	FAX：(03)5217-2420
印刷・製本	シナノ印刷株式会社

定価はカバーに表示してあります。
落丁・乱丁本は弊社編集部までお送りください。送料弊社負担にてお取替えいたします。
ISBN978-4-8026-1027-8　©2016 Aya Takahashi　Printed in Japan